AKADEMIE DER WISSENSCHAFTEN UND DER LITERATUR

Abhandlungen der
Mathematisch-naturwissenschaftlichen Klasse
Jahrgang 2002 • Nr. 2

Elke Lütjen-Drecoll (Hrsg.)

Zukunftsfragen der Gesellschaft

Vorträge des 2. Symposions vom 22. Februar 2002
(Stammzellforschung)

AKADEMIE DER WISSENSCHAFTEN UND DER LITERATUR • MAINZ
FRANZ STEINER VERLAG • STUTTGART

Vorgetragen in der Plenarsitzung am 22. Februar 2002,
zum Druck genehmigt am selben Tage, ausgegeben am 5. September 2002.

Die Deutsche Bibliothek – CIP-Einheitsaufnahme

Zukunftsfragen der Gesellschaft : Vorträge des ... Symposions ... / Akademie der
Wissenschaften und der Literatur, Mainz. – [1] (2001)–. – Stuttgart : Steiner, 2001–
  (Abhandlungen der Mathematisch-naturwissenschaftlichen Klasse / Akademie der
  Wissenschaften und der Literatur ; ...)
Erscheint jährl. – 1 (2001) erschien in der gez. Schriftenreihe:
  Abhandlungen der Geistes- und Sozialwissenschaftlichen Klasse / Akademie der
  Wissenschaften und der Literatur. – Bibliographische Deskription nach 2 (2002)
2. Vom 22. Februar 2002 : (Stammzellforschung). – 2002
  (Abhandlungen der Mathematisch-naturwissenschaftlichen Klasse / Akademie der
  Wissenschaften und der Literatur ; Jg. 2002, Nr. 2)
ISBN 3-515-08204-2

© 2002 by Akademie der Wissenschaften und der Literatur, Mainz
Alle Rechte einschließlich des Rechts zur Vervielfältigung, zur Einspeisung in elektronische Systeme sowie der Übersetzung vorbehalten. Jede Verwertung außerhalb der engen Grenzen des Urheberrechtsgesetzes ist ohne ausdrückliche Genehmigung der Akademie und des Verlages unzulässig und strafbar.

Umschlaggestaltung: die gestalten. Joachim Holz, Mainz
Druck und Verarbeitung: Druck Partner Rübelmann, Hemsbach
Printed in Germany

Gedruckt auf säurefreiem, chlorfrei gebleichtem Papier

Inhalt

Zintzen, Clemens: Geleitwort	5
Rapp, Ulf R.: Stammzellforschung	7
Stolleis, Michael: Die Erwartungshaltung der Gesellschaft und die Langsamkeit des Rechts	29
Kodalle, Klaus-M.: Philosophie und Bioethik. Das Problem der Forschung an/mit Embryonalen Stammzellen	35
Herausgeber- und Autorenverzeichnis	51

Geleitwort

Clemens Zintzen

Zum zweiten Mal unternimmt es die Akademie, sich in der neu geschaffenen Vortragsreihe zu Zukunftsfragen der Gesellschaft zu äußern. In diesem Jahr werden Fragen zur Stammzellforschung diskutiert. Diese Themenstellung, die die öffentliche Diskussion im Bereich der Biowissenschaften dominiert, bietet vielfältige Perspektiven und impliziert Fragen von verschiedenen Seiten: Die Medizin denkt über die Technik des Klonens und die sich daraus ergebenden therapeutischen Möglichkeiten nach. Alleine aus diesem Eingriff in die Natur stellen sich juristische und ethisch-philosophische Fragen. Das Recht soll den wissenschaftlichen Fortschritt sichern, zugleich aber vor Mißbrauch und bösen Folgen schützen. Die Würde des Menschen im Rausch einer rapiden wissenschaftlichen Entwicklung nicht unter die Räder des Fortschrittes geraten zu lassen, hat die Ethik zu bedenken. Insofern ist es sinnvoll und notwendig, daß bei einem solchen Thema der Mediziner, der Jurist und der Philosoph Stellung nehmen. Im folgenden äußern sich die Mitglieder unserer Akademie Hr. Rapp (Medizin), Hr. Stolleis (Rechtswissenschaft) und Hr. Kodalle (Philosophie). Die Akademie hofft mit der Veröffentlichung der am 22. Februar 2002 gehaltenen Vorträge einen zwar kleinen, aber kompetenten Beitrag zur öffentlichen und politischen Diskussion der hier thematisierten Frage zu leisten.

Eine schlagwortartig an die Akademien heute herangetragene stete Forderung ist das Gebot der „Politikberatung". Die Akademien sehen sich in einem viel umfassenderen Sinn in die Pflicht genommen als es dieses oft unbedacht kursierende Schlagwort suggeriert. Eine Beratung der politisch Handelnden in der Form einer kurzfristigen Antwort auf eine Anfrage, also von der Hand in den Mund, lehnen die Akademien ab. Dazu hat die Politik ihre eigenen Beratergruppen. Wohl aber ist es Aufgabe der Akademien, Problemkreise und Lebensfragen zu erschließen, die unsere Gesellschaft betreffen oder in Zukunft auf sie zukommen werden. Zu solchen Fragen können Akademien mit hohem Sachverstand in besonders kompetenter Weise Stellung nehmen, weil sie ihrer Struktur nach interdisziplinär ausgerichtet sind. Es gibt keine wissenschaftliche Institution, die in gleicher Weise völlig gleichberechtigt Natur- und Geisteswissenschaften in umfassendem Fächerspektrum beherbergt. Mit solcher Kompetenz sollten Grundlagenfragen unserer Gesellschaft angegangen und Antworten gefunden werden.

Die hier gedruckten Vorträge sollen ein *specimen* solcher Akademie-Arbeit darstellen. Beim Thema Stammzellforschung werden aus drei verschiedenen Richtungen Fragen aufgeworfen, die uns heute alle berühren, ja beunruhigen. Es ist nicht zu erwarten, daß die hier gegebenen Antworten abschließende Ergebnisse darstellen; aber wenn das Sensorium für die Vielfalt der Probleme geweckt wird, und wenn die sich ergebenden Aspekte in ihrer Bedeutung für die Gesellschaft erkannt werden, dann wäre schon ein Gewinn solcher Veranstaltungen zu verzeichnen.

Mainz, im Juli 2002

Stammzellforschung

Ulf R. Rapp

Stammzellforschung, mehr noch als die Genomforschung, hat seit einigen Jahren die Berichterstattung und die öffentliche Diskussion im Bereich der Biowissenschaften dominiert. Wie ist es dazu gekommen? Zwei entscheidende Entdeckungen haben dieses Forschungsfeld in Fahrt gebracht, das Klonen von Tieren durch Ian Wilmuth, Keith Campbell und Kollegen und die Etablierung pluripotenter humaner embryonaler Stamm-(ES-)Zellen durch Jamie Thomson und Mitarbeiter. Das Klonexperiment zeigte, dass der Kern einer Zelle aus einem reifen Organismus so reprogrammiert werden kann, dass ein intaktes Tier produziert wird, eine epochale Demonstration der Umkehrbarkeit biologischer Entwicklung. Mit der Herstellung pluripotenter Stammzelllinien war potenziell das Material geschaffen worden für die gezielte Zell-Therapie vieler menschlicher Krankheiten. Zumindest in der Theorie lassen sich diese beiden Technologien kombinieren in einem Prozess, der als therapeutisches Klonen bekannt geworden ist und der ermöglichen sollte, dass die pluripotenten Zellen für spezifischen Zellersatz aus dem Körper des Patienten selbst geschaffen werden. Dadurch sollten Probleme der Gewebeabstoßung weitgehend vermieden und im Prinzip Zellen jeder Art in großen Mengen gewonnen werden können.

Die Euphorie, die diese Perspektiven auslösten, war andererseits gedämpft durch ethische und juristische Bedenken, die die Verwendung früher Embryonen für die Zellpräparation auslöste. Vor diesem Hintergrund waren Nachrichten aus der traditionellen Stammzellforschung willkommen, die just zu dieser Zeit von einer bisher ungeahnten Plastizität adulter Stammzellen berichteten. Offenbar waren Zellen, die normalerweise die Regeneration von Geweben und Organen im Körper besorgen, die einen hohen Verschleiß haben wie Knochenmark, Haut und Schleimhäute, in der Lage nicht nur ihr Ursprungs-, sondern auch andere Organe mit Ersatzzellen zu versorgen. Somit ergab sich die Frage, ob nicht vielleicht im Erwachsenenkörper Zellen zu finden sind, deren Entwicklungspotential so gut wie das der embryonalen pluripotenten (ES-)Zellen ist und die obendrein völlig uneingeschränkt patientenverträglich wären.

Bevor ich diese Frage und mögliche Anwendungen der Stammzell-Therapie mit Ihnen diskutiere, möchte ich zunächst mein Engagement und den Stand der Forschung auf diesem Gebiet beschreiben.

Ich habe mich während der letzten Jahrzehnte vorwiegend mit experimenteller Krebsforschung, mit Krebsgenen und Signaltransduktion befasst und dabei beobachtet, dass bestimmte Kombinationen von Krebsgenen nicht nur die Wachstumseigenschaften, sondern die Identität von Zellen verändern können. Diese Zellverwandlungen mit Hilfe von Krebsgenen waren ein Indiz für die Umkehrbarkeit von Entwicklungsprozessen durch Eingriffe in die Signaltransduktion, den Kommunikationsapparat der Zelle. So entstand der Wunsch, die Induzierbarkeit von Stammzell-Eigenschaften zu erforschen. Das Instrument war ein Sonderforschungsbereich, der SFB 465 mit dem Titel „Entwicklung und Manipulation pluripotenter Zellen", der 1995/96 gegründet wurde und in dem Kliniker, Biologen und Chemiker vereint wirken. Ein Begleitprogramm ist der Würzburger Kreis: „Ethische Fragen zur Stammzellforschung", in dem wir seit zwei Jahren Vorschläge für die Herstellung und den Umgang mit Stammzellen erarbeiten, um zur Meinungsbildung bei der Deutschen Forschungsgemeinschaft und in der Politik beizutragen. Die Mehrheit der Teilnehmer im Würzburger Kreis ist in Übereinstimmung mit den meisten Bioethikern weltweit der Meinung, dass Forschung an menschlichen Embryonen keine neuen ethischen Fragen aufwirft, zumindest keine, die nicht schon bedacht wurden in der Diskussion über die Praxis der künstlichen Befruchtung. Wenn es sich herausstellen sollte, dass pluripotente embryonale Zellen die besten Voraussetzungen für die Behandlung einer bestimmten Krankheit schaffen, dann wäre die überwiegende Mehrheit der Meinung, dass es moralisch falsch wäre, Embryonen nicht zu nutzen, die sonst verworfen würden. Soviel zur Position der Würzburger Stammzellforscher in der Ethikdebatte, die in den Beiträgen von Herrn Stollweis und Kodalle eingehend dargestellt wird.

Damit komme ich zum Stand der Forschung und beginne mit einigen Grundbegriffen: Siehe Anhang, S. 21.

Stammzellen, eine Definition

Multizelluläre Organ- und Gewebesysteme bestehen aus einer Hierarchie von Stamm- und Vorläuferzellen sowie reifen Effektorzellen. Da die reifen Zellen in den Geweben meist nur eine begrenzte Lebensdauer besitzen und letztendlich absterben, sind Stammzellen die einzigen permanent vorhandenen Zellen. Beim Säugetier wurden verschiedene Stammzellsysteme u.a. im Dünndarm, in den Gonaden, in der Haut, im olfaktorischen Epithel, im Gehirn und im Knochenmark, hier sogar zwei Stammzelltypen, hämatopoetische und mesenchymale Stammzellen gefunden. Weiterhin wird die Existenz von Zellen mit Stammzelleigenschaften in der Leber vermutet. Die Erneuerungsrate und damit die Stammzellaktivität variiert zwischen Geweben sehr stark. Die komplette Haut wird z.B. jeden Monat ersetzt, während dies beim Skelett nur ungefähr dreimal im Leben geschieht. Dabei ist der Mensch im Vergleich zu anderen Vertretern aus dem Tierreich ein Regenerationsschwächling. Der Molch z.B. hat da größere Reserven und kann in einem koordinierten Prozess, in dem der differenzierte Zellzustand rückgängig gemacht wird, ganze Extremitäten nachbilden. Bei einfacheren Vielzellern kann man gar durch Zerteilen die Zahl der Organismen vervielfachen.

Die genaue Lokalisation von Stammzellen in den verschiedenen Geweben ist nur schwierig zu bestimmen. Die Präsenz von Stammzellen in einem Gewebe wird in der Praxis durch den Nachweis charakteristischer Stammzelleigenschaften gezeigt. Gemeinsames funktionelles Merkmal aller Stammzellen ist ihre Selbsterneuerungsfähigkeit, d.h. sie können beliebig viele (Generationen von) Stammzellen bilden, sowie die Charakteristik, in einzelne oder mehrere Zelltypen mit spezifischen Funktionen zu differenzieren. Durch diese beiden funktionellen Eigenschaften verleihen Stammzellen den Geweben die Fähigkeit, lebenslang verbrauchte Zellen zu ersetzen und Schäden zu reparieren. Bei der Differenzierung von Stammzellen über Vorläufer hin zu reifen Effektorzellen gehen zunehmend Selbsterneuerungs- und Multilinien-Differenzierungspotenzial verloren. Während Vorläuferzellen sich zwar nicht mehr unbegrenzt selbst erneuern können, besitzen sie noch die Fähigkeit sich zu teilen und in verschiedene Zelllinien zu differenzieren. Diese Fähigkeiten fehlen weitestgehend bei den reifen Zellen.

Stammzellen des adulten Systems sind häufig langsam zyklisierende Zellen, die nicht isoliert, sondern in engem Kontakt zu speziellen Stromazellen stehen. Die Proliferation und das Überleben von Stammzellen ist abhängig von der engen Assoziation mit komplexen stromalen Komponenten, die wichtige Zell-Zellkontakte für das Überleben der Stammzellen bilden. In diesen speziellen Stammzellnischen werden Stammzellen in einem undifferenzierten Zustand gehalten. Bei Bedarf an reifen Zellen oder Verlust von Stammzellen werden die Stammzellen zu Selbsterneuerungs- oder Differenzierungsteilungen angeregt. Adulte Stammzellen gehören somit einem Regulationsnetzwerk an, das sowohl die Anzahl von Stammzellen als auch die Bereitstellung der für das Überleben des Organismus notwendigen Menge an reifen Zellen sicherstellt. Das zelluläre Mikromilieu der Stammzellnische ist selbst in dem gut charakterisierten hämatopoetischen System nur teilweise aufgeklärt. Obwohl sich die Vermehrung von Blutstammzellen *in vitro* als schwierig herausgestellt hat, können andere adulte Stammzellen, z.B. mesenchymale und neurale Stammzellen, *in vitro* expandiert werden.

Stammzellen während der Ontogenese

Das früheste Entwicklungsstadium, die befruchtete Eizelle, wird als Zygote bezeichnet, gefolgt von Morula (8–32 Zellen) und Blastozyste (64–200 Zellen). Die Blastozyste ist etwa 100 Mikrometer groß – und für das menschliche Auge gerade nicht sichtbar. Sie ist aus einer inneren Zellmasse, dem Embryoblasten und einer diesen umgebenden Zellschicht, dem Trophoblasten aufgebaut. Im Stadium der Gastrulation ordnen sich die Zellen der Blastozyste zu den drei Keimblättern. In der Folge entsteht durch Zellwanderung, Zellteilung und Reifung der Fetus, der in seiner äußeren Form erstmals dem adulten Organismus ähnelt.

Die entwicklungsbiologischen Potenziale sind in embryonalen, fetalen und adulten Stammzellen in unterschiedlichem Maße ausgeprägt. Während die totipotente Zygote, die ultimative Stammzelle, und jede Zelle des 8-Zellembryos den kompletten Organismus, einschließlich aller intra- und extraembryonaler Strukturen (z.B. Plazenta) bilden kann, entwickeln sich aus der inneren Zellmasse von Blastozysten und den daraus isolierten pluripotenten embryonalen Stammzellen „nur noch" die verschiedenen Gewebetypen des Embryos. Der Unterschied zwischen toti- und pluripotenten Zellen wird darin gesehen, dass die Zygote und die aus den ersten Teilungen entstandenen Tochterzellen sich als Einzelzellen zu einem intakten Organismus entwickeln, während die pluripotenten embryonalen Stammzellen dies nicht können.

Die organspezifischen Stammzellen, wie hämatopoetische und neurale Stammzellen, werden in der Literatur als multipotente Zellen beschrieben. Sie sind in ihrem Entwicklungspotenzial auf ein einziges Organ- bzw. Zellsystem beschränkt. So benötigen Stammzellen aus verschiedenen adulten Geweben spezielle, gewebespezifische Wachstumsfaktoren für ihr Überleben und ihre Vermehrung und zeigen zelltypspezifische Genexpressionsmuster. Die unterschiedlichen Eigenschaften und Aktivitäten somatischer Stammzellen gelten als Argument dafür, dass verschiedene Gewebe unterschiedliche Stammzelltypen beherbergen.

Embryonale und somatische Stammzellen

Embryonale Stammzellen (ES-Zellen)

ES-Zelllinien können aus undifferenzierten Zellen früher Embryonalstadien aus der Präimplantations-Blastozyste gewonnen werden. Die Blastozyste besteht aus der inneren Zellmasse, dem sie umgebenden Trophektoderm und einer äußeren proteinhaltigen Schicht, die die Implantation in den Eileiter verhindert. Aus der inneren Zellmasse entwickelt sich der Embryo, während das Trophektoderm die extraembryonalen Gewebe, wie Plazenta und Dottersack, mit hervorbringt. Aus der inneren Zellmasse von Maus-Blastozysten können embryonale Zellen entnommen und in Zellkultur in Gegenwart des Wachstumsfaktors LIF (leukaemia inhibitory factor) zu kontinuierlich wachsenden ES-Zelllinien etabliert werden. ES-Zellen besitzen eine nahezu unbegrenzte Proliferationsfähigkeit, sind nicht transformierte Zellen mit einem stabilen Karyotyp und können sich *in vitro* nach Entzug von Serum und LIF in viele verschiedene reife Zelltypen entwickeln.

Auch von menschlichen Embryonen können etwa 4–5 Tage nach der Befruchtung Stammzellen gewonnen und *in vitro* in kontinuierlich wachsende ES-Zelllinien überführt werden. Die so gewonnenen humanen ES-Zellen durchlaufen viele Zellteilungen und behalten ihre pluripotenten Eigenschaften bei. Bei Bedarf können aus diesen Zellen ggf. durch Zugabe gewebespezifischer Wachstumsfaktoren *in vitro* gewünschte Effektorzellen (z.B. Blutzellen) präferenziell erzeugt werden.

In der Tat wurden Zellen mit vielen Charakteristika muriner ES-Zellen von Thomson und Mitarbeitern aus humanen Blastozysten isoliert. Aus den inneren Zellmassen von 14 Blastozysten konnten fünf humane ES-Zelllinien etabliert werden. Diese pluripotenten Zellen proliferierten *in vitro* über viele Monate und konnten in Derivate der drei Keimblätter differenzieren. Sie bildeten *in vitro* u.a. Darmepithelzellen, Knorpel, Knochen, Muskel, Neuroepithel und Blutzellen. Eine Studie zeigte, dass humane ES-Zellen je nach Wachstumsfaktorzugabe *in vitro* in elf verschiedene Zelltypen differenzieren konnten. Embryonale Keimzellen (embryonic germ (EG) Zellen) mit zu ES-Zellen vergleichbaren Eigenschaften wurden auch aus den Vorläufern von Ei- und Samenzellen, den so genannten primordialen Keimzellen 5–9 Wochen alter humaner Feten gewonnen. Diese Gewinnung steht nicht in Konflikt mit dem Embryonenschutzgesetz. Allerdings unterscheiden sich EG Zellen von ES Zellen in einem wichtigen Punkt: Sie haben Markierungen auf der DNA verloren, die man „imprints" nennt. Die Folge ist ein verändertes Genexpressionsmuster mit weitgehend unbekannten Konsequenzen für die Funktion spezialisierter Tochterzellen.

Die Beobachtungen, dass humane ES-Zellen große Differenzierungsfähigkeiten besitzen, wurden als bahnbrechend beschrieben, weil es nun möglich erschien, die seit langem bekannten Befunde der Differenzierung von ES-Zellen der Maus auf den Menschen zu übertragen und damit eine Vielzahl somatischer Zellen humanen Ursprungs in beliebigen Mengen zu generieren. Der Nachweis, dass aus ES-Zellen der Maus differenzierte und selektiv gewonnene gewebespezifische Stamm- und Vorläuferzellen nach Transplantation in Versuchstiere tatsächlich gewebespezifisch integrieren und defekte Organfunktionen beheben können, konnte für Blut und das zentrale Nervensystem demonstriert werden.

Im Gegensatz zur Anwendung humaner ES-Zellen ist die Gewinnung und Kultivierung von ES-Zellen im Mausmodell soweit standardisiert und optimiert, dass die meisten Arbeitsgruppen weltweit nur mit einigen wenigen gut charakterisierten murinen ES-Zelllinien arbeiten. Es ist denkbar, dass eine ähnliche Entwicklung auch mit menschlichen ES Zellen eintritt.

Beispiele somatischer (adulter) Stammzellen

Wie schon erwähnt befinden sich somatische Stammzellen im adulten Säugetierorganismus in vielen Geweben mit hohem Zellumsatz wie z.B. in der Haut, in der Darmschleimhaut und im Knochenmark. Aber auch in Geweben mit niedrigeren Umsatzraten wie dem Nervensystem wurden somatische Stammzellen gefunden. Als Quelle zur Gewinnung hämatopoetischer und mesenchymaler Stammzellen erwies sich neben dem Knochenmark das Nabelschnurblut. Bisher wurden etwa 20 verschiedene Typen adulter Stammzellen in Säugern gefunden.

Hämatopoetische Stammzellen

Das hämatopoetische System stellt das bisher bestcharakterisierte Stammzellsystem dar. Hämatopoetische Stammzellen kommen zu verschiedenen Entwicklungsstadien in unterschiedlichen Geweben, wie der fetalen Leber, dem Nabelschnurblut und dem Knochenmark vor. Sie sind sehr selten, können aber mittels Antikörper *in vitro* hoch angereichert werden. Sie finden sich im adulten Knochenmark von Mäusen mit einer Häufigkeit von einer in 10^4 bis 10^5 Zellen. Das hohe regenerative Potenzial dieser Zellen kann daraus ersehen werden, dass eine Injektion von 20–40 aus dem Knochenmark adulter Mäuse isolierter hämatopoetischer Stammzellen das komplette Blutsystem eines Empfängers lebenslang ersetzen und erhalten kann. Die Aufreinigung dieses potenten Zelltyps erlaubt Studien, in denen die molekularen Zusammenhänge hinsichtlich der Entstehung, Proliferation und Differenzierung hämatopoetischer Stammzellen untersucht werden können.

Obwohl die Möglichkeiten der funktionellen Analyse humaner hämatopoetischer Stammzellen gegenüber Stammzellen aus dem Tiermodell eingeschränkter sind, stehen heute auch für deren Analyse und Aufreinigung Antikörper zur Verfügung. Die Anreicherung humaner hämatopoetischer Stammzellen ist eine essentielle Voraussetzung für eine zell- und molekularbiologische Untersuchung dieses wichtigen Zelltyps. Darüber hinaus besitzt sie große klinische Relevanz im Rahmen von Versuchen zur Entfernung von Tumorzellen aus Zelltransplantaten, wie auch bei der Gentherapie ausgehend von hämatopoetischen Stammzellen.

Neuronale Stammzellen

Obwohl bis vor kurzem die Lehrmeinung galt, dass die Neurogenese, die eine Proliferation neuraler Vorläuferzellen voraussetzt, mit der Geburt beendet sei, konnten dennoch neurale Stammzellen in der subventrikulären Zone und im Hippocampus des adulten Gehirns von Säugern nachgewiesen werden. Diese neuralen Stammzellen können zum einen neue Stammzellen bilden und zum anderen zu den drei Hauptzelltypen des zentralen Nervensystem, Astrozyten, Oligodendrozyten und Neurone differenzieren.

Neuronale Stammzellen können im Unterschied zu hämatopoetischen Stammzellen, deren effektive Vermehrung sich in *in vitro*-Kultursystemen als schwierig herausgestellt hat, in Zellkultur vermehrt werden. Wie bereits oben erwähnt, können neuronale Stammzellen des fetalen und adulten Gehirns in Gegenwart von bFGF (basic fibroblast growth factor) und EGF (epidermal growth factor) *in vitro* zur Proliferation angeregt werden. Weitere Untersuchungen zeigten die Präsenz aktiv proliferierender Zellen in verschiedenen Bereichen des sich entwickelnden zentralen Nervensystems und sogar noch im erwachsenen Gehirn.

Mesenchymale Stammzellen

Neben den Stammzellen des Blutes enthält das Knochenmark und das Nabelschnurblut auch nicht hämatopoetische Zellen mesenchymalen Ursprungs. In den 70er-Jahren konnten bereits Fibroblasten-ähnliche Vorläuferzellen aus Knochenmarksaspiraten isoliert werden. In späteren Versuchen wurden Einzelzellsuspensionen aus dem Knochenmark in Kulturschalen plattiert und nach mehreren Stunden Inkubationszeit alle nichtadhärenten Zellen ausgewaschen. Die verbleibenden Zellen bildeten innerhalb weniger Tage Kolonien, die u. a. zu Adipozyten, Chondrozyten, Osteoblasten, Myoblasten, Kardiomyozyten sowie Stromazellen differenzieren konnten. Pittenger und Mitarbeiter konnten aus dem Knochenmark Zellen entnehmen, die die Kriterien mesenchymaler Stammzellen erfüllten. Diese Zellen wiesen *in vitro* einen stabilen Phenotyp auf und verblieben als einlagige Zellschicht in der Kulturschale. Die Kultivierung und selektive Differenzierung lässt wichtige Erkenntnisse über molekulare Mechanismen dieser Zelldifferenzierung erwarten und auf neue Therapieansätze für die Wiederherstellung traumatisierter oder erkrankter Gewebe ausgehend von mesenchymalen Stammzellen erhoffen.

Plastizität somatischer Stammzellen

Bisher bestand die allgemeine Auffassung, dass das Differenzierungspotenzial somatischer Stammzellen auf nur ein Stammzellsystem beschränkt sei, d.h. hämatopoetische Stammzellen bilden Blutzellen etc. etc... Arbeiten der letzten drei Jahre haben jedoch gezeigt, dass eine Reihe somatischer Stammzellen ein größeres Entwicklungspotenzial besitzen, als bisher angenommen. Zum einen konnte Plastizität innerhalb eines Stammzellsystems beobachtet werden, als z.B. in adulten hämatopoetischen Stammzellen nach Transplantation in frühe Mausembryonen embryonale Eigenschaften reaktiviert wurden, zum anderen erfolgte nach Transplantation hoch angereicherter Stammzellen die Bildung gewebefremder Zellen. So konnten neurale Stammzellen, gewonnen aus dem Gehirn fetaler und adulter Mäuse, auch nach monatelanger *in vitro*-Kultur das Blutsystem bestrahlter Empfängertiere besiedeln und sowohl myelo-erythroide als auch lymphoide Zelllinien bilden. Neben einer ekto- zu mesodermaler Transformation neuraler Stammzellen der Maus konnten menschliche und murine neurale Stammzellen auch *in vitro* Muskelzellen bilden.

Ein weiteres Beispiel für die Plastizität des Entwicklungspotenzials somatischer Stammzellen sind Knochenmarksstammzellen, die sowohl an der Leberregeneration als auch an der Bildung von mikro- und makroglialen Zellen im Gehirn adulter Mäuse teilnahmen. Ebenfalls wanderten Blutstammzellen nach Transplantation in Mäuse ins Gehirn und bildeten dort neurale Zelltypen. Von potenziell großem therapeutischen Nutzen scheinen hämatopoetische Stammzellen, so genannte „Alleskönner" aus dem Knochenmark auch deshalb zu sein, da sie im Mausmodell nach Transplantation in ein myocardiales Infarktmodell neue Myokardzellen bildeten oder nach Injektion die Leber besiedelten und dort wie echte Leberzellen leberspezifische biochemische Funktionen ausführten.

Die Wissenschaft ist allerdings selbst im Tiermodell weit davon entfernt, Stammzellen gezielt und in ausreichenden Mengen in Zellen anderer Stammzellsysteme umwandeln zu können. Es wird also zumindest noch eine Zeit dauern, bis die Plastizität somatischer Stammzellen gezielt genutzt werden kann.

Möglichkeiten zur Erzeugung autologer Stammzellen

Verschiedene Strategien sind denkbar, nach denen eine autologe Regeneration verschiedener somatischer Zelltypen stattfinden könnte:

1. Die Reaktivierung endogener Regenerationsprozesse.
2. Nach der Isolation körpereigener somatischer Stammzellen oder Vorläuferzellen und falls möglich nach De- bzw. Transdifferenzierung dieser Zellen könnte durch Zugabe spezifischer Gewebefaktoren eine Differenzierung in die gewünschten reifen Zelllinien eingeleitet werden.

Hierzu gehören auch Versuche zur Induktion von Pluripotenz ausgehend von adulten Zellen.
3. Die Erzeugung autologer Zellen in beliebiger Menge könnte über die Herstellung von ES-Zelllinien und deren Differenzierung zu gewebespezifischen Stammzellen und reifen Zellen erfolgen (therapeutisches Klonen).

Zu den ersten beiden Strategien ist anzumerken, dass die Reaktivierung endogener Stammzellen eine nichtinvasive Strategie darstellt, bei der es zu keiner Abstoßungsreaktion kommt. Möglicherweise können in Zukunft, bei Kenntnis entsprechender Faktoren, Stammzellen *in vitro* oder *in vivo* gezielt vom Typ A in einen Typ B umgewandelt werden. Es ist denkbar, dass die Erforschung der Reprogrammierung von Kernen adulter Zellen in Eizellen Faktoren identifiziert mit deren Hilfe in adulten Stammzellen Pluripotenz induziert werden kann. Wenn sich solche Zellen auch noch wie ES Zellen unbegrenzt vermehren ließen, wäre eine ideale Lösung gefunden.

Die dritte Strategie basiert auf der Verwendung von ES-Zellen. Es ist vorstellbar, dass zukünftig durch die genetische Manipulation wichtiger Zelloberflächendeterminanten universelle ES-Zell-Spenderlinien etabliert werden, oder es werden nach Kerntransfer in entkernte Oozyten und nach Entwicklung zur Blastozyste sogenannte individualspezifische ES-Zellen erzeugt. Diese Form des therapeutischen Klonens ist inzwischen aus wissenschaftlichen und ethischen Gründen vielleicht nicht ganz zu Recht in Verruf geraten. Eine ethisch unbedenkliche Variante wäre die Verwendung von ES-Zellen an Stelle der Eizelle für die Reprogrammierung. In dieser Richtung wird inzwischen in einigen Labors gearbeitet. Diese klonierten ES-Zellen sind mit dem Genom des Kernspenders identisch und können durch Zugabe entsprechender Faktoren zu reifen Effektorzellen differenzieren, die nach Übertragung auf den entsprechenden Kernspender keine Abstoßungsreaktion hervorrufen. Die große Differenzierungsfähigkeit humaner ES-Zellen stellt somit zusammen mit dem Nachweis, dass Kerne somatischer Zellen durch Kerntransfer in entkernte Eizellen oder vielleicht auch ES-Zellen reprogrammiert werden können und ihre volle Entwicklungsfähigkeit wiedererlangen die prinzipielle Möglichkeit dar, autologes ES-Zellmaterial in großen Mengen zu gewinnen.

Die genannten Fähigkeiten von ES-Zellen im Tiermodell weisen auf die potenziellen Möglichkeiten der ES-Zelltechnologie für den Gewebeersatz im adulten Organismus hin. Hierbei scheint es realistisch, dass sowohl durch die ES-Zelltechnologie hergestellte Stamm- und Vorläuferzellen als auch reife Effektorzellen sich nach Transfer in kranke Gewebe in die Architektur bestehender Organe und Gewebe integrieren und therapeutisch wirksam werden. Auch ist es denkbar, dass selbstorganisierende Stammzellsysteme, wie die Haut oder das hämatopoetische System, erfolgreich rekonstituiert werden können. Jedoch ist es aus heutiger Sicht nicht vorstellbar, dass komplexe Organe, wie Gehirn, Herz oder Niere durch den Einsatz embryonaler oder adulter Stammzellen *de novo* entstehen können. Hierzu müssten Prozesse ablaufen, wie sie während der embryonalen Organogenese stattfinden. Diese komplexen und zum großen Teil unverstandenen Prozesse gezielt ablaufen zu lassen, stellt eine große Herausforderung für die Zukunft dar.

Offene Fragen hinsichtlich der Erzeugung von aus ES-Zellen und somatischen Stammzellen abgeleiteten Zelltherapien

Die oben beschriebenen Entwicklungen in der ES-Zelltechnologie als auch in der somatischen Stammzellbiologie sind Meilensteine auf dem Weg der therapeutischen Nutzbarmachung beider Stammzellsysteme. Jedoch gibt es auch eine Reihe offener Fragen betreffs der Sicherheit und der zugrunde liegenden biologischen Prozesse, die vor dem Einsatz dieser neuen Techniken in der Klinik beantwortet werden müssen.

Probleme mit ES-Zellen

ES-Zellen sind undifferenzierte Zellen, die zuerst zu gewebespezifischen Vorläufern oder zu reifen Zellen differenzieren müssen, bevor sie transplantiert werden und im Körper fehlende Funktionen übernehmen können. Die ersten Schritte der *in vitro* Differenzierung von ES-Zellen sind aber, wie oben erwähnt, ein spontanes Ereignis, die nur bedingt durch äußere Einflüsse manipuliert werden können. Dies hat zur Folge, dass die gewünschten Zelltypen von den nicht differenzierten ES-Zellen als auch von anderen reifen Zelltypen abgetrennt werden müssen. Das 100%ige Entfernen undifferenzierter ES-Zellen ist von herausragender Wichtigkeit, da nach Transplantation undifferenzierter ES-Zellen in einen adulten Körper Tumore entstehen können. Durch den Einsatz gewebespezifischer Markergene (z.B. gewebespezifische Resistenzgene) und andere Selektionsstrategien scheint es möglich, gewünschte Zelltypen isolieren zu können.

Nach der Transplantation der Zellen in den adulten Körper müssen die Zellen zu ihrem Zielgewebe wandern und dort über einen großen Zeitraum hinweg krankes Gewebe funktionell ersetzen. Die erfolgreiche Migration von aus ES-Zell-abgeleiteten Vorläufern und reifen Zellen zu ihren Zielgeweben und die funkionelle Repopulation wurde, obwohl nur ein geringer Grad an Donorchimerismus erreicht werden konnte, im Tiermodell erfolgreich nachgewiesen. Unklar blieb, inwieweit die von ES-Zellen abgeleiteten reifen Zellen über einen langen Zeitraum hinweg ihren differenzierten Phänotyp und ihre Funktion behalten oder ob sie absterben.

Bei der Abschätzung der möglichen Einsatzperspektiven von ES-Zellen muss an dieser Stelle auch darauf hingewiesen werden, dass der Großteil unseres Wissens über ES-Zellen aus der Untersuchung von Maus-ES-Zellen kommt. Es ist zwar anzunehmen, dass sich humane ES-Zellen ähnlich verhalten, aber diese Vermutungen müssen erst noch durch entsprechende Experimente im Tiermodell und in klinischen Studien mit humanen ES-Zell-Derivaten bestätigt werden.

Weiter soll nicht unerwähnt bleiben, dass murine ES-Zelllinien nach langer Zeit in Kultur altern. Dies zeigt sich an dem Verlust nach Injektion von Maus-ES-Zellen in Blastozysten zur Keimbahn chimärer Tiere funktionell beizutragen. Die Keimbahnfähigkeit humaner ES-Zellen ist sicher keine notwendige Fähigkeit humaner ES-Zellen, aber sie ist bei Maus-ES-Zellen ein Indikator für den Grad an Undifferenziertheit. Gealterte murine ES-Zellen werden durch neue Linien ersetzt. Es ist daher anzunehmen, das auch humane ES-Zelllinien nicht unbegrenzt in Kultur gehalten werden können und, dass daher auch die von US-Präsident G. Bush sanktionierten 60 ES-Zelllinien nach längerer Zeit in Kultur ersetzt werden müssen. Allerdings ist dieses Argument für die Erzeugung autologer ES-Zelllinien durch Kerntransfer bedeutungslos, da diese Strategie für jeden Patienten die Herstellung neuer individual-spezifischer Linien vorsieht.

Der Einsatz von ES-Zellen in der Klinik würde das Erzeugen autologer ES-Zellen im Rahmen des therapeutischen Klonierens beinhalten. Bei der Maus gelang es, das Erzeugen klonierter ES-Zelllinien erfolgreich durchzuführen. Eine wichtige Frage ist, wie lange es dauern wird, um diese Schritte erfolgreich mit menschlichen ES-Zellen auszuführen und ausreichende Mengen autologen Zellmaterials für Transplantationszwecke zu erhalten. Dies ist eine im Augenblick nur schwer zu beantwortende aber trotzdem nicht unerhebliche Frage, da die benötigte Zeit und der Aufwand sich sicher auch in den Kosten dieser Methode wieder finden wird.

Offene Fragen bei der Verwendung somatischer Stammzellen

Die Durchführbarkeit, Sicherheit und Wirksamkeit somatischer Stammzelltransplantationen sind hinreichend am Beispiel der Knochenmarks- und Nabelschnurblut Transplantationen etabliert. Jedoch gilt dies nicht für alle Stammzelltypen des adulten Körpers und auch nicht für Zellen, die im Rahmen einer De- oder Transdifferenzierung aus somatischen Stammzellen entstanden sind. Auch für diese Zellen muss, wie auch schon für die ES-Zelltherapie gefordert, die Migration zu entsprechenden Zielgeweben, die Funktion als auch die Stabilität der Zellen über einen langen Zeitraum hinweg gewährleistet sein. Entsprechende aussagefähige Untersuchung der Plastizität somatischer Stammzellen sind bisher nur im Tiermodell beschrieben worden und es gibt nach wie vor viele grundsätzliche Fragen zu diesem Phänomen.

Die Plastizität somatischer Stammzellen ist eine neue Erkenntnis und bedarf gründlicher Erforschung. Die mit großer Fanfare beschriebene Erzeugung von Blutzellen aus Muskelstammzellen scheint sich in weiteren Untersuchungen nicht zu bestätigen. Neuere, bisher unveröffentlichte Analysen lassen vermuten, dass es im Muskel überraschenderweise auch Blutstammzellen gibt, die nach Transplantation das hämatopoetische System besiedeln. Dies ist ein Hinweis dafür, das die in der letzten Zeit berichteten Beobachtungen mit adulten Stammzellen dringend genauer Analysen bedürfen.

Unklar sind weiterhin die molekularen Schalter, die an der Plastizität somatischer Stammzellen beteiligt sind. Dieses Wissen ist aber Vorraussetzung dafür, gezielt und sicher die gewünschten Zelltypen erzeugen zu können. Sobald die gerichtete Bildung heterologer Zelltypen aus adulten Stammzellen möglich ist, könnten aus dem adulten Körper leicht zu isolierende Stammzellen, wie z.B. die Blut- oder die Hautstammzellen, zu anderen somatischen Stammzellen umdifferenziert und anschließend retransplantiert werden. Vor einem klinischen Einsatz müssen aber zwingend die grundlegenden biologischen Fragen beantwortet sein.

Gegenwärtig arbeiten weltweit unterschiedliche Forschergruppen an der Analyse von ES-Zellen abgeleiteten reifen Zellen als auch an der Untersuchung der Plastizität somatischer Stammzellen. Es ist daher anzunehmen, dass in naher Zukunft erste Ergebnisse zu den oben aufgelisteten offenen Fragen vorliegen werden.

Gegenüberstellung ES-Zellen – somatische Stammzellen

Nach bisherigem Wissensstand verfügen embryonale Stammzellen über ein wesentlich breiteres Differenzierungspotenzial als somatische Stammzellen, obwohl es auch bei letzteren in Einzelfällen nachgewiesen werden konnte, dass beispielsweise Blutstammzellen *in vivo* Gehirn- und Muskelzellen bilden können. Nach heutigem Wissen lässt sich theoretisch ableiten, dass embryonale Stammzellen breiter und weit reichender zur Gewebeersatzherstellung herangezogen werden könnten, vor allem für solche Gewebearten, für die es nicht oder nur schwer möglich ist, entsprechende somatische Stammzellen zu isolieren und/oder entsprechend zu kultivieren. Es ist aber auch möglich, dass embryonale Stammzellen vorwiegend für den Ersatz bei Zellschäden während der Frühentwicklung geeignet sind, während für den Ersatz reifer Zellen in komplexen Organen somatische Stammzellen Vorteile haben.

Fazit

Wissenschaftliche Erkenntnisse, die aus der Arbeit mit embryonalen Stammzellen gewonnen werden können, können zur Beurteilung der Verhaltensweise somatischer Stammzellen herangezogen werden. Durch Erkenntnisse, die auf diesem Weg auch über somatische Stammzellen gewonnen werden, kann theoretisch die therapeutische Einsatzmöglichkeit letzterer erhöht werden, was mittel- bis langfristig die Notwendigkeit, auf embryonale Stammzellen zurückzugreifen, reduzieren würde.

Da derzeit ca. 60 embryonale Stammzelllinien weltweit vorhanden sind, bietet sich die Möglichkeit, mit diesen Zelllinien zumindest das Verhalten von ES-Zellen wissenschaftlich zu erforschen und mit somatischen Stammzellen zu vergleichen, um damit eine endgültige Klärung darüber herbeizuführen, welche Möglichkeiten und Grenzen für den therapeutischen Einsatz beider Stammzelltypen bestehen.

Der Frage, ob es ethisch vertretbar ist, mit bereits bestehenden Zelllinien zu arbeiten, deren Gewinnung mit der Zerstörung einer Blastozyste – und damit eines zukünftigen Menschen – einherging, ist die potenzielle Möglichkeit des Lebenserhaltes und der eventuellen Heilung vieler Patienten gegenüberzustellen. Dabei bleibt diese Frage unabhängig davon zu beantworten, ob solcher Gewebeersatz aus embryonalen Stammzellen selbst, oder ob durch das Arbeiten mit ES-Zellen Erkenntnisse entstehen, die später erfolgreich auf somatische Stammzellen übertragen werden können.

Da die wissenschaftliche Untersuchung des Differenzierungspotenzials humaner ES-Zellen einerseits und der Plastizität somatischer Stammzellen andererseits ein sehr junges Forschungsgebiet darstellt, ist es augenblicklich zu früh, den möglichen therapeutischen Nutzen beider Zellsysteme zu bestimmen. Gegenwärtig kennen wir die vollen Potenziale beider Zelltypen nicht. Für eine realistische Bewertung beider Stammzellsysteme ist es wichtig und nach dem 30. Januar in Zukunft möglich auch in Deutschland, mit humanen ES-Zellen zu forschen, um ihr therapeutisches Potenzial untersuchen zu können. Erst wenn das Entwicklungspotenzial humaner ES-Zellen und deren therapeutische Nutzen abgeschätzt werden kann, sollte eine abschließende Bewertung vorgenommen werden. Auch bezüglich der Zielgewebe und Krankheitsformen für die Stammzelltherapie in Aussicht gestellt wird, ist Vorsicht geboten, wie in der Übersicht von Strategien zur Zelltherapie im Zentralnervensystem dargestellt ist.

Häufige Begriffe aus der Stammzell-Biologie / Glossar:

Blastozyste: Präimplantationsstadium des Embryos bestehend aus etwa 100–200 Zellen. Die Blastozyste ist kugelförmig und besteht aus einer Zellhülle, dem Trophectoderm, einer Flüssigkeits gefüllten Höhle und der inneren Zellmasse.

Embryonale Keimzellen (EG- (embryonic germ) Zellen): Zellen des frühen Embryos, aus denen sich die männlichen und weiblichen Keimzellen entwickeln.

Embryonale Stammzellen (ES-Zellen): Primitive, undifferenzierte Zellen, die aus der inneren Zellmasse von Blastozysten gewonnen werden und in eine Vielzahl gewebespezifischer Vorläufer und reifer Zellen differenzieren können.

Morula: Zellaggregat, das sich aus der Zygote entwickelt und zur Blastozyste reift.

Multipotenz: Entwicklungseigenschaft von somatischen Stammmzellen. Somatische Stammzellen bilden Zellen ihres Gewebes. Sie können, so ist die bisherige Annahme, im Unterschied zu ES-Zellen, nicht spontan in eine Vielzahl unterschiedlicher Zelltypen differenzieren und auch keinen kompletten Embryo erzeugen.

Plastizität: Die Fähigkeit adulter Stammzellen, andere Zellen als die ihrer Ursprungsgewebe zu erzeugen.

Pluripotenz: Entwicklungseigenschaft von ES-Zellen. ES-Zellen können in eine Vielzahl verschiedener Zelltypen differenzieren. Sie haben die Fähigkeit verloren, einen kompletten Embryo erzeugen zu können.

Somatische Stammzellen: Undifferenzierte Zellen, die im differenzierten Gewebe vorkommen und sich sowohl selbst erneuern als auch durch Teilung eine Reihe differenzierter Nachkommen erzeugen können (z.B. hämato-poetische Stammzellen, neurale Stammzellen).

Totipotenz: Entwicklungseigenschaften der Zygote und der Zellen der frühen Morula. Totipotente Zellen besitzen die Fähigkeit, einen kompletten neuen Embryo zu erzeugen.

Referenzen

Dokumente deutscher Gremien zum Thema:

Würzburger Kreis, Ethische Fragen zur Stammzellforschung, Band 1, Verlag Königshausen & Neumann GmbH, 2002 Kontakt: E-mail: info@koenigshausen-neumann.de

Deutsche Forschungsgemeinschaft (DFG): Empfehlungen der Deutschen Forschungsgemeinschaft zur Forschung mit menschlichen Stammzellen, 2001. Kontakt: E-mail: postmaster@dfg.de

Nationaler Ethikrat: Stellungnahme zum Import menschlicher embryonaler Stammzellen, Dezember 2001 (Dokument 001/01) Kontakt: E-mail: info@nationalerethikrat.de

Bayerische Bioethik Kommission: Leben Schützen – Leben Fördern, Forschung mit embryonalen Stammzellen in Deutschland. Positionspapier des Parteivorstands der CSU (in Vorbereitung) Kontakt: www.stmgev.bayern.de

Weiterführende Literatur:

National Institutes of Health (NIH): Stem Cells: Scientific Progress and Future Research Directions, 2001, Kontakt: www.nih.gov/news/stemcell/scireport.htm

Robin Lovell-Badge: The furture for stem cell research. Nature, Vol. 414, 88–131, 1 November 2001. Kontakt: www.nature.com

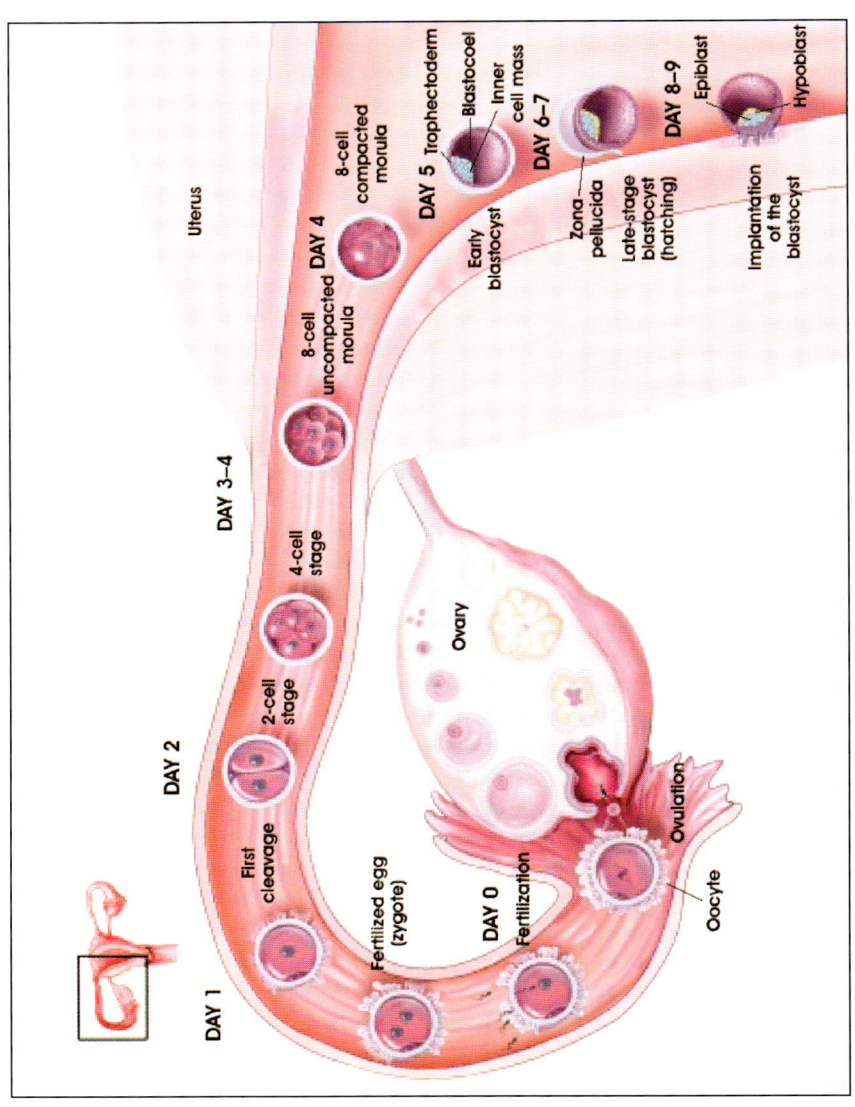

Abb. 1: Humane Präimplantationsentwicklung   aus: NIH: Stem Cells

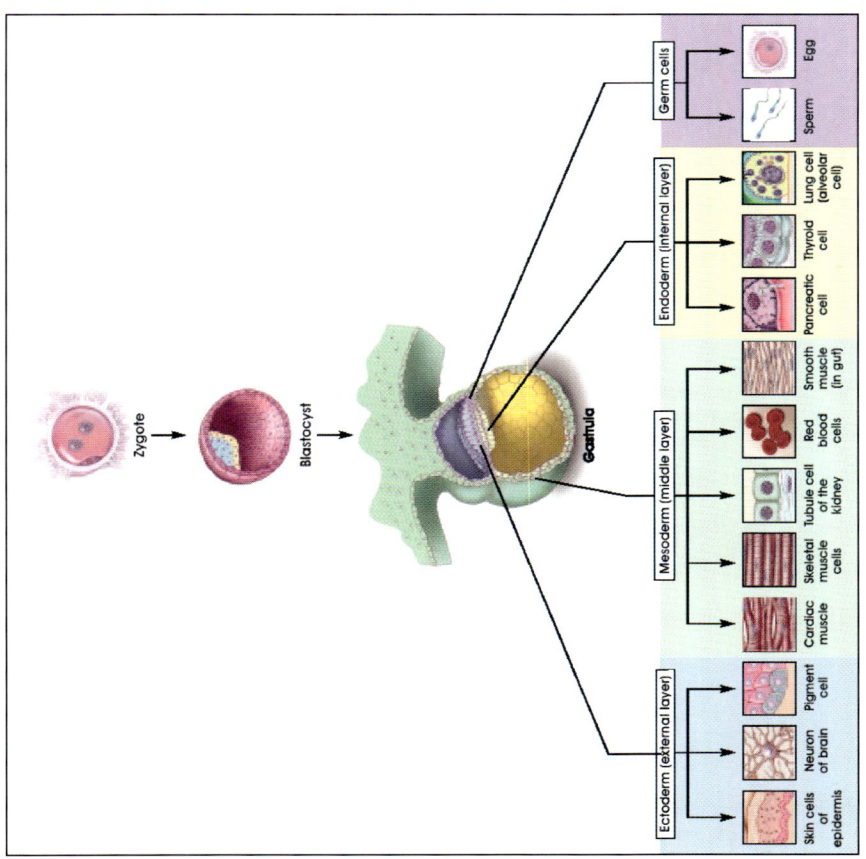

Abb. 2: Entwicklung und Differenzierung menschlicher Gewebe

aus: NIH: Stem Cells (mod.)

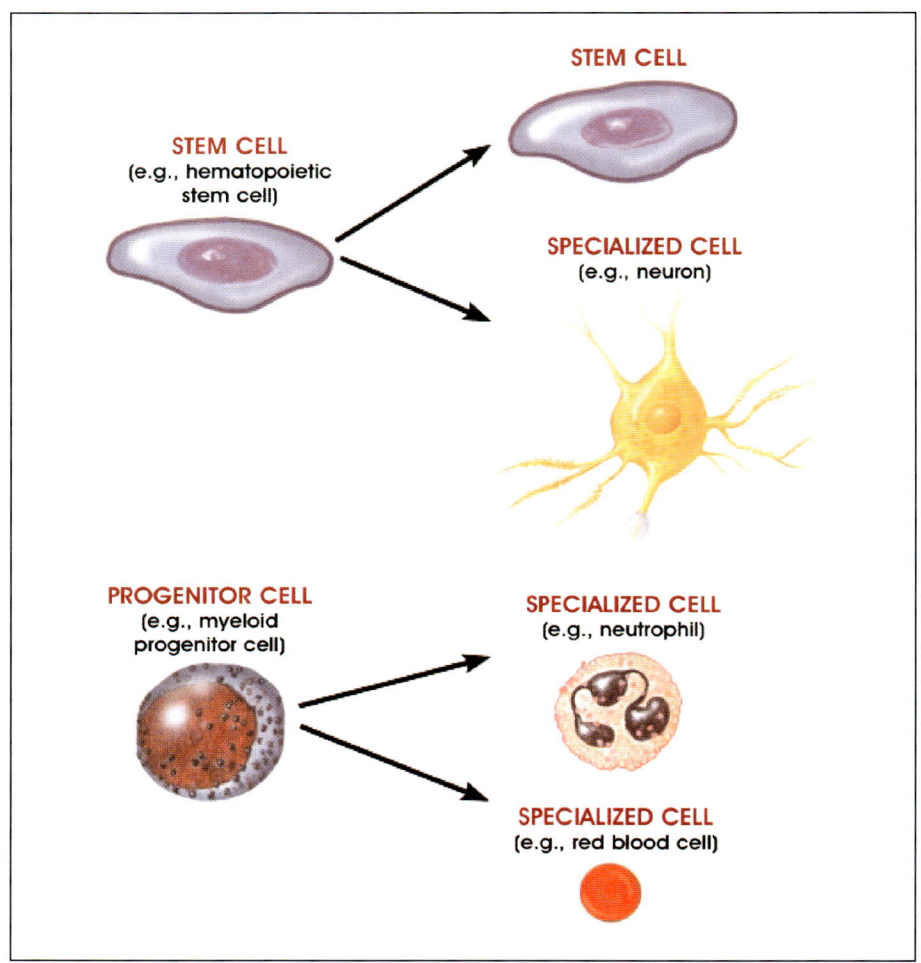

Abb. 3: Definition von Stammzellen   aus: NIH: Stem Cells

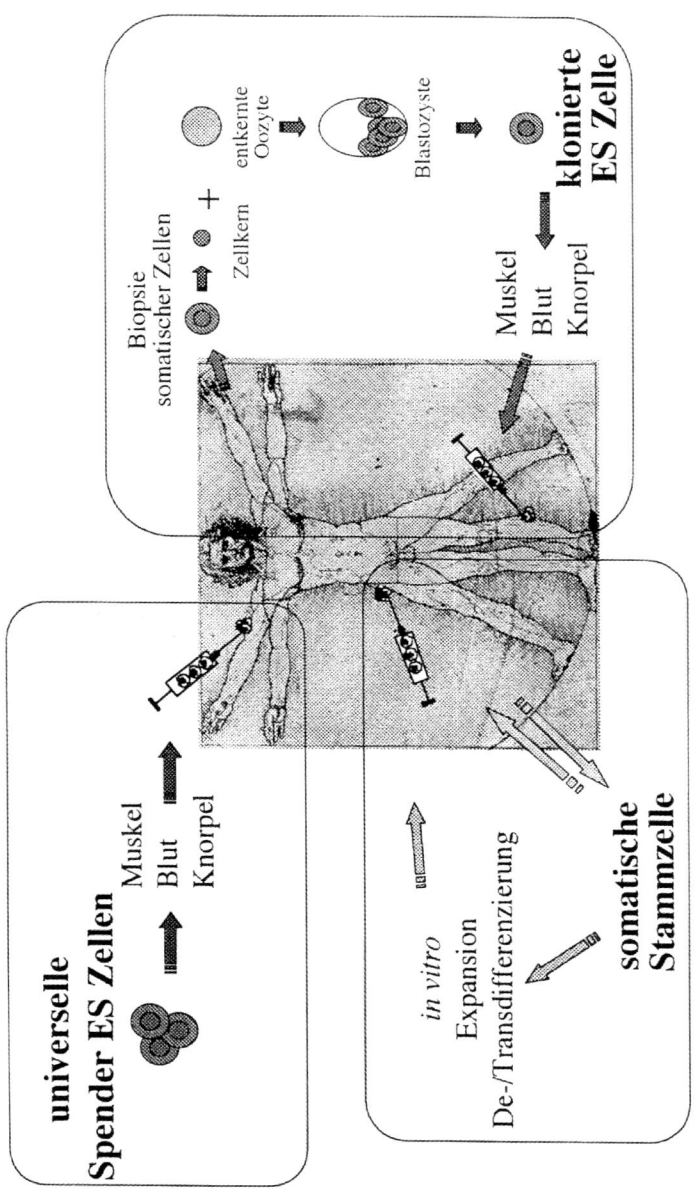

Abb. 4: Gewebeersatz durch embryonale oder somatische Stammzellen

Prof. Albrecht Müller, MSZ

Die Erwartungshaltung der Gesellschaft und die Langsamkeit des Rechts

Michael Stolleis

Angesichts der raschen Erfolge der Biowissenschaften und der zeitgleich damit wachsenden Hoffnungen und Befürchtungen ertönt der Ruf nach Verboten, mindestens nach rechtlicher Regelung. Vom Recht wird nicht nur erwartet, daß es uns die Segnungen der Forschung sichert, es soll auch vor ihren denkbaren bösen Folgen schützen.

Es soll das Klonen von Menschen verhindern, eventuell auch die pränatale Diagnostik, es soll die Embryonen verbrauchende Forschung verhindern, es soll Fortschritte in der Reproduktionsmedizin ermöglichen, aber nicht zu Experimenten mit Menschen führen. Dabei wird das im Grundgesetz angeblich enthaltene „Menschenbild" beschworen, weiter die Grundrechte des Lebens und der Gesundheit, der freien Selbstentfaltung, vor allem aber der oberste Leitsatz der Verfassung, die „Menschenwürde".

Das alles soll rasch gehen und denjenigen Aktivitäten, die man für falsch hält, einen Riegel vorschieben. Die einen wünschen etwa ein Totalverbot der Forschung an embryonalen Stammzellen, die anderen wünschen Forschungsfreiheit. Die dritten halten außerhalb der Landesgrenzen hergestellte überzählige Embryonen für importierbar, Herstellung im Lande dagegen nicht. Dahinter steht die Frage nach dem Beginn des Lebens: Verschmelzung von Ei und Samenzelle, Nidation, Sechswochenfrist oder erst die wirkliche Geburt. Hinter diesen Grenzziehungen stehen theologische und ethische Traditionen, ein entweder kirchlich oder säkularisiertes, metaphysisches oder utilitaristisch akzentuiertes „Menschenbild".

1. Ich lasse mich hier bewußt nicht auf eine Sachdebatte mit vermeintlich „richtigen" Lösungen ein, sondern frage nach der Rolle des Rechts. Wenn „Zukunftsfragen der Gesellschaft" diskutiert werden, ist das Recht typischerweise nicht an vorderster Front beteiligt. Es dient „vor-

wirkend" der Streitvermeidung, es grenzt Sphären ab, es sanktioniert „nachwirkend" abweichendes Verhalten – von Regeln, die einmal gebildet werden müssen.

Das Recht als komplexes System beruht auf Verhaltenserwartungen und es steuert menschliches Verhalten. Es bildet seine Regeln auf drei Arten selbst:

a) In den Apparaten der Gesetzgebung und auf dem Verordnungsweg, also im politischen Prozeß, der durch Verfahrensschritte abgeschlossen wird. Staatliche und suprastaatliche Gesetzgebung justieren gewissermaßen das Regelwerk von oben ständig nach.

b) In der Vermittlung dieser Regeln an die Gesellschaft: Dazu dienen Rundfunk und Printmedien, Verbandsarbeit, Schulungen, Juristenausbildung und vieles andere. Durch tausende feiner Kapillaren sickert gewissermaßen die neue Norm, und sei es nur ein Paragraph des Einkommensteuerrechts oder eine Änderung der Promille-Werte, in die Gesellschaft ein, wird dort in pragmatischer Weise umformuliert, durchweg nach dem Konditionalschema: Wenn Du dies erreichen oder vermeiden willst, dann tue jenes.

c) Schließlich in der Normdurchsetzung, an der sich herkömmlich vor allem die Gerichte und ihre Exekutivorgane, aber auch alle anderen gesellschaftlichen Instanzen beteiligen.

Auf diesen drei Wegen entstehen nicht nur neue Normen, auch alte Normen ändern sich, werden verformt, aufgeweicht, umgebogen, fallen unter den Tisch, werden vergessen.

2. Das bedeutet, daß es im Regelkreis von Problem, Problemwahrnehmung, politischem Prozeß, Installierung von Normen, Normvermittlung und Normdurchsetzung meist eine Reihenfolge gibt. Sie sieht etwa folgendermaßen aus:

a) Das Problem ist der Ausgangspunkt. Es „entsteht" aus den Laboren der Wissenschaft, aus gesellschaftlichen Verschiebungen, es kommt extern von außen oder es entsteht intern. Wie auch immer: Es ist da, macht sich publizistisch bemerkbar, wird etwa als Häufung bedrohlicher Fälle registriert oder – im Fall des Stammzellforschers Brüstle – durch das Vorliegen eines Förderantrags bei der DFG, der nicht in das geltende Recht einzuordnen ist oder ihm klar widerspricht. In jedem Fall, das „Problem" ist da. Möge es die Klonierung von Dolly oder von Menschen sein, die Stammzellenforschung (embryonal oder somatisch) oder die pränatale Diagnostik, wir müssen uns dazu verhalten. Unübersehbar sind es Probleme, die ganze Ketten weiterer Probleme nach sich ziehen: Für die Spitzenforschung, für die Medizintechnik und Pharmaindustrie, für das gesamte System der sozialen Sicherung, speziell für die Krankenkassen.

b) Damit engstens verzahnt, entwickelt sich die gesellschaftliche Debatte. Wir befinden uns mitten in ihr. Diese Debatte findet statt, während sich die Ausgangslage weiter rasch ändert. Mit anderen Worten: Auch während der Debatte müssen die Ausgangspunkte immer neu fixiert werden. Das Tempo der Veränderungen ist hoch.

c) Erst an dritter Stelle kommt dann die Regelbildung. Sie kommt langsam: Das Tierschutzgesetz, das Embryonenschutzgesetz, die Regelungen über die Gentechnik kamen stets mit Verspätung. Sie schlossen eine lange vorherige Debatte ab, ähnlich wie etwa bei der Entstehung des Naturschutzrechts. Als das Reichsnaturschutzgesetz 1935 in Kraft trat, waren 50 Jahre intensiver Diskussion, Verbands- und Pressearbeit, Gedankenbildung und Überzeugungsarbeit vorausgegangen. Sein Nachfolger, das Bundesnaturschutzgesetz von 1976, achtmal geändert bis 1998, das Atomgesetz von 1959, seit 1986 sechzehnmal geändert, das Bundesimmissionsschutzgesetz von 1974 bis 1990 etwa 30mal geändert, nicht gerechnet seine sechzehn Durchführungsverordnungen, das Gentechnikgesetz von 1990, und zahllose weitere Gesetze kleinerer oder größerer Reichweite – sie alle sind Komplexe wandelbarer Regeln. Von der Statik früherer sog. abschließender Kodifikationen kann keine Rede mehr sein. Der moderne Gesetzgebungsstaat, dynamisiert von innen durch Parteien und Verbände, dynamisiert von außen durch die Europäische Union sowie durch völkerrechtliche Abkommen, justiert seinen Normenapparat ständig nach.

3. Mit anderen Worten: Die Normen laufen den Problemen ständig hinterher, kommen für das aktuelle Problem typischerweise zu spät, können aber für das nächste Problem eine Lösung bereithalten, falls sich die Gemeinschaft der Rechtsanwender entschließt, das neue Problem unter das alte Recht zu subsumieren. Das Recht kommt also strukturell stets zu spät. Es ist langsam und es soll langsam sein. Manchmal scheint das Recht der rennende Hase zu sein. Die zu regelnden Verhältnisse sind als Igel „immer schon da". Aber dieses Bild ist falsch. Das Recht soll viel-

mehr Igel sein, ein geduldiger Igel, der den hin- und herrasenden Verhältnissen jeweils am Ende des Feldes zeigt, wo die Grenze ist.

4. Der Vorzug des Rechts und seiner komplexen Entstehungsprozedur ist es, (nochmals) langsam zu sein. Da in pluralistischen Gesellschaften niemand die richtige Lösung oder gar die ganze Wahrheit kennt, ist anzunehmen, daß ein langsam arbeitendes Rechtserzeugungs- und -anwendungssystem statistisch weniger Fehler produziert als ein hastig verfahrendes. Dies gilt selbst dann, wenn man feststellt, daß der moderne Gesetzgeber, der seine Normen unter Zeitdruck und als Massenware fabriziert, viel unwirksames, fehlerhaftes oder jedenfalls handwerklich bedenkliches Recht ins Gesetzblatt schreibt. Die meisten dieser Mängel kann die Rechtsprechung durch Auslegung beheben. Insofern ist die Rechtsprechung – innerhalb der ihr eigenen Grenzen – eine Art noch langsamerer Ersatzgesetzgeber. Man kann nämlich erst von einer durch Rechtsprechung neu gebildeten Regel sprechen, wenn eine hinreichende Anzahl von Fällen vorliegt und diese bis zur dritten Instanz durchgekommen sind, um dort die berühmte Figur „st. Rspr." (ständige Rechtsprechung) zu bilden.

5. Bedenkt man dies alles, dann muß man die Erwartungen an das Recht kräftig herunterschrauben. Das Recht folgt der gesellschaftlichen Debatte und dem politischen Prozeß. Die Klärungsprozesse und Experimente müssen vorhergehen, bevor eine Rechtsregel geschaffen wird.

Dem wird meist entgegengehalten, das Recht solle vorbeugen, solle verhindern, daß das Kind nicht in den Brunnen fällt, solle „rechtzeitig" reagieren. Dieses Argument ist im vorbeugenden Naturschutz gegen genmanipulierte Pflanzen und Tiere häufig erhoben worden, ebenso gegenwärtig in der Debatte um Stammzellenforschung und pränatale Diagnostik. Aber es ist ein schwaches Argument, weil angesichts der Unsicherheit der Entwicklung und angesichts des Nichtwissens über die Zukunft eigentlich nur die Forderung nach einem Totalverbot erhoben werden könnte. Ein Totalverbot ist jedoch kaum mehr als eine Reaktion der Angst: Nichts hören, nichts sprechen, nichts sehen. Denn der Prozeß der wissenschaftlichen Forschung und die Prozesse der Vermarktung lassen sich heute weniger den je durch nationalstaatlich begrenzte Verbote beeinflussen. Genetisch verändertes Saatgut oder Tierprodukte überschreiten erfahrungsgemäß alle Grenzen. Ebenso sind Forschungsverbote – aller historischen Erfahrung zufolge – langfristig wirkungslos.

Erinnert sei an den Kampf der Kirche gegen das Sezieren von Leichen, gegen das heliozentrische Weltbild, ja gegen die Anerkennung der Sonnenflecken (1611), weil die Sonne die virgo immaculata Maria symbolisierte.

Das bedeutet keineswegs, daß man auf das Recht ganz verzichten könne. Aber man soll von ihm nur verlangen, was es leisten kann. Recht ist als ein auf relative Dauer angelegtes normatives System von gesellschaftlichen und politischen Vorgaben abhängig. Von Gesellschaft und Politik kommen der Problemdruck und die Lösungsvorschläge. Das Recht friert sozusagen die politisch erfolgreichen Lösungsvorschläge in Form von Gesetzen zeitweise ein und bietet einen Interpretations- und Durchsetzungsapparat.

Daraus ergeben sich normative Folgesätze, die ich wenigstens formulieren will, ohne sie näher begründen zu können:

6. Juristen neigen wie andere Spezialisten dazu, ihr eigenes Gebiet zu überschätzen und aus ihm die Antworten auf alle Fragen entwickeln zu wollen. Verfassungsjuristen insbesondere neigen dazu, die Verfassung als juristisches Weltenei zu präsentieren, aus dem Lösungen für alles entwickelt werden können: Von der hohen Politik bis zur Erlaubtheit eines Verbots des Taubenfütterns oder des Reitens im Walde, von der Menschenwürde bis zum Haarschnitt bei der Bundeswehr, vom Kreuz im Schulzimmer bis zur Kombination der Elternnamen im Kindesnamen.

Angesichts dieser seit langem beklagten Überforderung des Rechts, insbesondere des Verfassungsrechts, ist daran zu erinnern: Recht (als System) kann nicht selbst entscheiden, ob es richtig ist, Stammzellenforschung zu erlauben. Was das Recht (bzw. seine Interpreten) zu dieser Frage des „ob" beitragen kann, ist nichts Nichts, aber doch relativ marginal. So können Verfassungsrechtler sich einigen, daß die Verfassung in ihrer heutigen Fassung für gesetzgeberische Entscheidungen einen gewissen Korridor bietet, einen Pfad, den der Gesetzgeber nutzen kann, ohne verfassungsrechtlich anzuecken. Sie können wenigstens erklären, was mit Sicherheit „nicht geht". Auch hierbei gibt es semantische Unschärfen, große innerfachliche Differenzen und Lagerbildungen. Letztlich wird die Frage, was geht oder nicht geht, durch Dezision des Bundestages und letztlich des Bundesverfassungsgerichts entschieden.

7. Aber es sind nicht nur die Juristen selbst, die dazu neigen, ihr Material zu überreizen und ihm Antworten abzupressen, die in den Texten nicht enthalten sind, es ist auch die Gesellschaft, speziell die deutsche, die viel zu schnell auf das Recht starrt und die Juristen bittet, möglichst rasch Rechtsschranken aufzurichten. In Deutschland wird traditionell viel prozessiert, und mit dem „Gang nach Karlsruhe" ist man schnell bei der Hand. Das Bundesverfassungsgericht hat während der 50 Jahre seines Bestehens fast 125.000 Verfassungsbeschwerden erledigen müssen. 2,6 % davon waren erfolgreich. Dieses deutsche Ur-Vertrauen in die Dritte Gewalt kann historisch erklärt werden; es reicht m.E. bis in die frühe Neuzeit zurück.

Im übrigen muß die Gesellschaft daran erinnert werden, daß sie viel offener und länger und streitbarer zu diskutieren hat, bevor der Ruf nach dem Gesetzgeber ertönen oder mit „Karlsruhe" gedroht werden darf. Die deutsche Gesellschaft ist bekanntlich die am meisten von Sicherheitsängsten geplagte. Nirgends gibt es so viele Versicherungen, insbesondere Rechtsschutzversicherungen. Die Versicherung der Versicherungen, die Rückversicherung, ist eine der stärksten der Welt. Die Zahlen der Richter, Staatsanwälte und Rechtsanwälte sowie die Zahlen der Prozesse weisen Deutschland in die Spitzengruppe aller Länder. Die angebliche „Risikogesellschaft" (U. Beck) scheut das Risiko. Sie will am liebsten alles im Gesetzblatt oder im Kleingedruckten. Sie will das Verbot vor der Erfahrung; denn Verbieten ist allemal sicherer als ein Risiko eingehen. Hinter Verboten steckt, wie man aus der Analyse autoritärer Charaktere weiß, allemal die Angst.

Schließlich scheint es mir wichtig zu betonen, daß das Recht selbst leidet, wenn es allzu viel und allzu rasch angerufen wird, vor allem aber, wenn es zu sehr moralisch und politisch aufgeladen wird. Sobald es seinen Platz einer formalen Ordnung verlässt und sich in den Dienst einer bestimmten politischen Moral stellt, macht es unweigerlich alle Schwankungen politischer Moral mit. Es beraubt sich damit selbst der Fähigkeit, den Konjunkturen der Moral oder Politik eine feste Linie entgegenzusetzen. Moralisierendes Recht ist argumentativ schwaches Recht. Stark ist es dagegen, wenn es gegen Einbrüche von Moral die formalen Freiheitspositionen für die Wehrlosen und die Andersdenkenden verteidigt, wenn es Bewegungsräume für „abweichendes Verhalten" garantiert und wenn es – seiner eigenen Begrenztheit eingedenk – Türen für den Wandel offenhält.

Philosophie und Bioethik
Das Problem der Forschung an/mit Embryonalen Stammzellen

Klaus-M. Kodalle

1.

Die Erwartung, Philosophen könnten in dieser Situation Lösungen nach dem Muster anwendbarer Rezepte liefern, ist abwegig. Dennoch sollten sie in der Lage sein, einen Beitrag zur Rationalisierung der Debatte zu leisten. Kriterien zu klären und abzuwägen, Nebenfolgen nicht zu übersehen und angemessen zu gewichten, leitende Gesichtspunkte nach Vorstellung guter Gründe zu hierarchisieren, also: die Komplexität des Sachverhalts und der ihm geltenden Debatte kompromißlos zu wahren und gegen die Schnellschüsse der terribles simplificateurs die Stimme zu erheben – das ist ihre Sache und dazu darf man sie in Anspruch nehmen.[1]

Mit der Behauptung, dies oder jenes sei „unethisch", lassen sich Argumente apodiktisch abwehren und Positionen im intellektuellen Kampf bestens immunisieren. Der Ethiker sieht das mit Grausen. Dabei ist es ja richtig: Ein naturwissenschaftlich-medizinischer Forscherdrang bewegt sich mit rasanter Geschwindigkeit in eine Zukunft, in der die Grenzen des Menschlichen wahrlich verschoben werden. Aber es ist nicht gut, wenn die Angst vor den ungeheuren Möglichkeiten, die sich hier eröffnen, sich *per se* als ethisch gerechtfertigt ausgibt. Das Mißtrauen gegenüber dem Neuen in der Forschung hat keineswegs eine ethische Vorzugsstellung – trotz Hans Jo-

---

[1] Indessen, auch sie sind geneigt, sich Gehör zu verschaffen, indem sie schließlich doch die Rolle des Diskurswächters aufgeben und als Bürger wertend in die politische Arena steigen – der einen oder anderen Sicht beipflichtend. Und in den politischen Lagern ist man ja, wie tagtäglich beobachtbar ist, für jede Hilfestellung dieser Art dankbar, die für die Absicherung der eigenen Positionierung verwertbar ist.

nas' Theorem von der „Heuristik der Furcht", das er in seinem Buch *Das Prinzip Verantwortung* dargelegt hat.

Selbstverständlich ist es nicht abwegig, mit einem Schauder die Vernutzung des menschlichen Lebens zu konstatieren – selbst wenn es sich um therapeutisch hochwertige Zielsetzungen handelt. Andererseits ist die Aufgeregtheit auch wieder verwunderlich, denn wir befinden uns doch seit langem in einem Prozeß, in welchem instrumentell-funktionale Gesichtspunkte vielfach alternative Wertorientierungen in den Hintergrund gedrückt haben. Bezogen auf diese instrumentalistische Orientierung ist die Stammzellforschung nichts Neues, wenngleich sie technologisch sehr wohl Neuland betritt. Dabei denke ich nicht einmal an die Phantasien über eine Optimierung der Gattung Mensch, denn eine solche Praxis der Eugenik „müßte sich über das Selbstbestimmungsrecht der Individuen und über die intersubjektive Verfassung demokratischer Willensbildungsprozesse hinwegsetzen".[2] Die Absichten der Stammzellforschung liegen eindeutig auf dem Gebiet der Therapie, der Heilung degenerativer Krankheiten, vor allem im Bereich der Hirnzellen, der Herzmuskelzellen und der Inselzellen der Bauchspeicheldrüse (Diabetes). Indessen, die neuen Techniken könnten sehr wohl auch zu einer *liberalen* Eugenik führen, insofern den Eltern Wahlmöglichkeiten eröffnet werden im ‚genetischen Supermarkt'.

Letztlich wird der Ethiker darauf hinweisen, daß die Bürger sich darüber im klaren sein müssen, ob der *Zufälligkeit* in Evolution und Reproduktion, also der Tendenz zur Mannigfaltigkeit und Unvorhersehbarkeit, selbst ein Wert beigemessen werden soll, der zu einem guten Zustand der Welt gehört, und der also wichtiger ist als die Abrichtung alles Natürlichen auf mögliche individuelle Wünsche.[3] *Darüber* müßte auch ein interkultureller Konsens angestrebt werden. – Solche Konsensbildungsprozesse sind bereits im Gange, wie die Verständigung über das Verbot des reproduktiven Klonens

---

2 Jürgen Habermas, Auf schiefer Ebene. Vor der Bundestagsdebatte: Ein Gespräch mit Jürgen Habermas über Gefahren der Gentechnik und neue Menschenbilder, in: Die Zeit, Nr. 5 (24. Januar 2002), S. 33.

3 Ludwig Siep, Moral und Gattungsethik. Zu Jürgen Habermas, Die Zukunft der menschlichen Natur, in: Deutsche Zeitschrift für Philosophie, H.1/2002, S. 111–120. Siep (S. 113) ergänzt die Überlegungen von Habermas: „Die ‚Lotterie' der natürlichen Gabenverteilung erscheint in der Tat erträglicher für unsere Gleichheitsbegriffe als die Abhängigkeit von der wirtschaftlichen Potenz und dem guten Willen der Eltern". Und selbstverständlich ist, das erbliche Ausstattung nicht zur erwerbbaren Ware werden darf.

zeigt.[4] Genauso konsequent müßte gefordert werden, daß die Grenze zwischen Therapie einerseits und Verbesserung der menschlichen Erbausstattung andererseits nicht überschritten werden darf. Erlaubte negative und verwerfliche positive Eugenik wären also zu unterscheiden, wenngleich die Abgrenzung schwierig sein dürfte. (Übrigens stimme ich der Auffassung zu, dass es wahrhaftig ein sehr schwaches Argument ist, eugenische Eingriffe deshalb zu untersagen, weil die Menschen unvollkommen, verletzbar und hilfsbedürftig bleiben sollen. Das ist zynisch. „Die Forderung, die Bedingungen für Moral auf diese Weise zu erhalten, erinnert an das Postulat, die Armut zu konservieren, damit Wohltätigkeit und Mitleid möglich bleiben."[5])

2.

Der professionelle Ethiker ist – idealtypisch geredet – plaziert zwischen Aristoteles und Kant. Das bedeutet, es ist vom gelebten Ethos der Menschen in einem bestimmten Land, in einer bestimmten Kulturstufe, auszugehen – von den ethischen Kräfteverhältnissen, Spannungen und den allgemein geteilten normativen Verbindlichkeiten. Aber selbstverständlich ist dieses Ethos nicht der höchste Maßstab! Selbstverständlich bedarf das historisch-kulturell ausgebildete Ethos, das kräftig vom Zeitgeist, vom Opportunismus, vom Weg des geringsten Widerstandes usw. geprägt ist, der Kritik. Und die kritische Instanz wird gefunden in prinzipienorientierten Erwägungen des Kantischen Typs. Zwischen einer Prinzipienreflexion, die sich freilich nicht selten über das faktisch gelebte Ethos hinwegsetzen zu können meint, und einem Ethos, das wähnt, sich nur pragmatisch durchwursteln zu können, steht der Philosoph.

Er dringt aber von Anfang an darauf, daß in einer Gesellschaft mit pluralistischen Wertoptionen die moralische Perspektive und die legalistisch-rechtliche strikt unterschieden werden müssen. Wohl ist die Rechtsentwicklung immer auch von moralphilosophischen Richtungsvorgaben abhängig, aber es kann sich in ihr natürlich auch der allgemeine Hang niederschlagen, es sich im Leben so leicht wie möglich zu machen. Bezogen auf die höchst unterschiedlichen moralischen Positionen wird das Recht nur

---

4 Vgl. Siep, S. 114.
5 Siep, S.114, Fn. 7.

das Minimum des Unerläßlichen fixieren. Die Debatte über die Zellforschung hat in den letzten Jahren daran gelitten, daß diese Unterscheidungen unbeachtet blieben. Die Moralisierung der Streitposition war teilweise unerträglich kulturkämpferisch; jeder schien zu meinen, seine strikte, aber *faktisch* partikulare Auffassung müsse Gesetzeskraft erlangen...

Grundsätzlich empfinde ich es schon als Schieflage, wenn wir immer wieder okkasionell kasuistische und applikative Diskurse zu der Frage veranstalten „Dürfen wir, was wir können?" Käme es doch darauf an, die Behandlung solcher Fragen zurückzubinden an eine Philosophie der Lebensformen und des sozialen Ethos! Was nennen wir ein „gutes Leben"? Wie weit soll dieses Leben durchrationalisiert sein nach utilitaristisch-funktionalistischen Maximen in den diversen Subsystemen der Gesellschaft? Letztendlich: Inwieweit entwickeln die Individuen in einer Gesellschaft ein kultiviertes Verhältnis zu ihrem eigenen Sterbenmüssen, wie weit bilden sie die Fähigkeit zur gelassenen Annahme ihrer Endlichkeit aus?

Nun zu den ethischen Stellungnahmen im einzelnen:

In der kulturellen, religiösen und philosophischen Tradition Europas gibt es viele Antworten auf die neuen embryologischen Kenntnisse; ein Schlüssel, zu *eindeutigen* Entscheidungen zu kommen, ist da nicht auffindbar.

Daß man in anderen Ländern des westlichen Kulturkreises zu völlig anderen methodischen Ansätzen und Schlußfolgerungen kommt als in Deutschland, gibt den dortigen ‚Meinungsbildnern' allemal noch nicht Recht, aber *uns* sollte dies doch Anlaß zu einer gewissen Sensibilität und Nachdenklichkeit sein, sich bei der eigenen moralischen Urteilsbildung nicht zu überheben, als sollte nun die Welt am moralischen Sonderweg Deutschlands genesen.

Als ein *nicht*-moralisches, sondern rein rechtliches Monitum mag noch der Hinweis auf die europäische Rechtsordnung dienen. Mit dem Fundamentalismus in dieser bioethischen Debatte hat sich Deutschland im europäischen Parlament bereits an den Rand der Einflußnahmemöglichkeiten gebracht. Die anderen legen jetzt die Konventionen fest, die für die Rechtsregeln in Europa gelten sollen. Und auch in all diesen Fragen wird sich zeigen, dass letztlich das europäische Recht das nationale Recht bricht.

Wie vielfältig die Diskussion über den Zeitpunkt ist, ab wann dem Menschen Menschenrechte zuerkannt werden, mag aus der folgenden Aufzählung hervorgehen[6]:

1) Die Menschenrechtserklärung der UN bezieht sich auf die Geburt (das gilt ebenso übrigens für die japanische Kultur);
2) manche Ethik-Experten nehmen die *Ausbildung von Hirnstrukturen* als entscheidend an (der Philosoph H. M. Sass u. a.);
3) die Fristenregelung vieler Staaten hält den Beginn des vierten Monats für ausschlaggebend;
4) wegen des Abschlusses der Individuation halten einige etwa den 14. Tag für ausschlaggebend (das ist die britische Lösung bezüglich des Embryonenforschungsproblems, der auch die Mehrheit der anglikanischen Bischöfe sowie die Kirche von Schottland zugestimmt hat);
5) vor allem angelsächsische Denker – Peter Singer ist da nur besonders extrem in seinen Formulierungen – urteilen nach einem präferenzutilitaristischen Nutzenkalkül. Hier geht es um das größtmögliche Glück der größtmöglichen Zahl; in der Präferenzenhierarchie sind die Präferenzen von *vernunftbegabten* Lebewesen gewichtiger als die von nichtvernunftbegabten. Erst ab einem bestimmten Zeitpunkt, frühestens ab der Entwicklung bestimmter Gehirnstrukturen um den 7. Monat herum, seien menschlichen Lebewesen Präferenzen zuzuerkennen, die sich freilich noch bis weit nach der Geburt nicht von Präferenzen bestimmter Säugetiere unterscheiden. Diese Position hat natürlich gar keine Schwierigkeiten mit der verbrauchenden Forschung.
6) auf den Zeitpunkt der Befruchtung haben sich die katholischen und orthodoxen Kirchen sowie die lutherischen Bischöfe in Deutschland festgelegt, unterstützt von Philosophen wie R. Spaemann oder O. Höffe. Mit der *Potentialität* der befruchteten Zelle wird der *unbedingte* Schutz des Embryos begründet. Die parallele Argumentation stellt auf die biologische *Kontinuität* zwischen der befruchteten Eizelle und dem potentiellen späteren Individuum ab.

Wenn man so *metaphysisch-naturalistisch* argumentiert (wie in 6.), muß man sich mit der Tatsache konfrontieren, daß eine nicht geringe Anzahl

---

[6] In dieser Zusammenstellung der Positionen greife ich zurück auf ein unveröffentlichtes Typoskript von Nikolaus Knoepffler, „Forschung mit embryonalen Stammzellen".

von befruchteten Eizellen nie zur Nidation gelangt. Außerdem: wer den Zeitpunkt der Kernverschmelzung mit dem Beginn der Existenz eines Menschen gleichsetzt, „der setzt voraus, daß der Mensch in hohem Maß durch sein Genom ‚definiert' wird".[7] Dagegen ist zu setzen: Das rein Natürliche ist nicht von sich her in irgendeinem Sinne „normativ".[8]

Erkennt man dem Embryo im extrem frühen Stadium Menschenwürde zu, ist er auch unbedingt zu schützen. Freilich kann man diese Frage nicht auf die Stammzellforschung allein beziehen; vielmehr muß man dann auch konsequent Abtreibungsmittel wie die Spirale oder die ‚Pille danach' sowie überhaupt jede Form von Abtreibung (außer im Falle ganz strenger medizinischer Indikationen) als ethisch unzulässig qualifizieren. Die Hinweise, bei der Abtreibung gehe es um den einmaligen Konflikt zwischen Mutter und Embryo, verfangen überhaupt nicht. Wenn es nur um den einmaligen Konflikt ginge, müßte ja die Abtreibung auch bis zur Geburt zulässig sein. Wie aber sollte jene einmalige Konfliktlage die Tötung eines Menschen, dem Menschenwürde zukommt, rechtfertigen?

Die Rede von der Menschenwürde beruht gerade auch darauf, „daß sich der Mensch einer abschießenden Definition entzieht".[9]

7) Eine Reihe von Ethikern will den Verbrauch überzähliger Embryos im Rahmen einer Güterabwägung erlauben; sie nehmen eine konkrete Wertkollision wahr: auf der einen Seite das Versprechen, schwere Erbkrankheiten in Zukunft heilen und Organtransplantationen gelingender durchführen zu können; auf der anderen Seite der Schutz des Embryos. *Güterabwägung* meint hier: In der Phase vor der Nidation steht der Schutz des frühen Embryos in Konkurrenz zu der Pflicht, Leiden zu lin-

---

[7] „Der Pluralismus als Markenzeichen. Eine Stellungnahme evangelischer Ethiker zur Debatte um die Embryonenforschung" in der FAZ Nr. 19 vom 23. Januar 2002, S. 8 (Autoren: Anselm, Fischer, Frey, Körtner, Kreß, Rendtorff, Rössler, Schwarke, Tanner).

[8] In der Fixierung auf den Zeitpunkt der Vereinigung von Ei und Samenzelle – als müsse hier der Lebensschutz so beginnen, wie er unter lebenden Personen im interpersonellen Kontext gültig ist –, sehe ich selbst einen Biologismus. Wenn man sagt, daß schließlich auch die Eltern nicht die Produzenten des Kindes sind, sondern daß dieses aus ihrem Zusammenwirken „entsteht", als „gottgewollt", dann müßte man *theologisch* in einer ganz anderen Konstitutionsdimension ansetzen, für die es in der Tradition der Theologie ja auch ein Reservoir von Theorien und Bildern gibt. Dann wäre nämlich der Zeitpunkt der Befruchtung von Ei und Samenzelle auch nur ein *Moment* in einer gottgewollten Kontinuität ...

[9] „Der Pluralismus als Markenzeichen. ..."

dern. Hier ist jedenfalls eine Ausnahme vom unbedingten Schutz denkbar. „Vor allem vor Abschluß der Nidation ist der Embryo noch nicht vollständig individualisiert und seine Überlebenswahrscheinlichkeit ist deutlich geringer als danach."[10]

Bis zum 32-Zell-Stadium könnte man aus diesem Zellhaufen 32 Klone herstellen. Betrachtet man den weiteren Verlauf, so ist unter diesen 32 Zellen vielleicht eine, die zum Keimling mit seinen ursprünglichen, das spätere Individuum auszeichnenden Anlagen wird, während die restlichen 32 Zellen zu extra-embryonalen Strukturen (Plazenta usw.) werden. Manche Experten merken an, daß man auch sagen könnte, ein solcher Zellhaufen sei genauso menschliches Leben wie Spermien und Eizellen oder alle jene lebenden menschlichen Zellen, die für reproduktives Klonen genutzt werden könnten.

3.

Die Selektivität der Wahrnehmung ethischer Relevanz lässt sich an vielen Beispielen ablesen. Jeder Bürger weiß, daß durch massenhaft verbreitete Techniken die ‚Einnistung' befruchteter Eizellen verhindert, also das Absterben dieser Embryonen billigend in Kauf genommen wird. Aufschlussreich sind auch diese Fakten: Unter natürlichen Bedingungen entwickeln sich ca. 50% der befruchteten Eizellen zum Kind und die anderen 50% gehen vorher zugrunde. Nach In-Vitro-Fertilisation (IVF) entwickeln sich ca. 20% der implantierten menschlichen Keime erfolgreich zu Kindern, wobei ein Teil von vornherein aufgrund von morphologisch erkennbaren Veränderungen nicht implantiert wird. (So gesehen ist bei jeder IVF eine prä-implantative Diagnostik integriert, die jedoch rein optisch vorgenommen wird und zu keinem Eingriff in den menschlichen Keim führt.) Spektakulär ist ebenfalls das Beispiel der inzwischen unstrittigen Akzeptanz der ‚Intrazytoplasmatischen Spermieninjektion' (ICSI). Spermien, die sich auch *in vitro* nicht zur Zeugung ‚bewegen' lassen, werden gewaltsam, gleichsam per Spritze, der Eizelle implantiert. Selbstverständlich gibt es auch da zahlreiche Fehlversuche: Nur jede dritte oder vierte Versuch mit befruchteten Eizellen führt – wenn überhaupt – zum Erfolg. Der Fiktion von Anspruchsrechten potentieller Eltern wurde hier ohne viel Federlesens

---

10 Siep, S. 119.

nachgegeben, einschließlich einer durch die neue Methode und dem von ihr ausgehenden Anwendungsdruck bedingten neuen Krankheitsdefinition, die es möglich macht, die Kosten des Eingriffs der Solidargemeinschaft aufzubürden. Es fiele nicht schwer, hier von einer Eskalation der Verantwortungslosigkeit zu sprechen und sich zu fragen, warum denn damals in der Öffentlichkeit nicht intensiver über die „Pflicht zum Verzicht" nachgedacht wurde.

Ludwig Siep zieht bündig die Konsequenz: „Man kann ... folgern, daß der Status einer Zygote und eines Embryos vor Abschluß der Nidation *auch* durch den Handlungszusammenhang und die Zwecke bestimmt wird, innerhalb dessen sie erzeugt werden. In einigen Ländern wird aufgrund einer graduellen Auffassung des embryonalen Status und einer strikten Trennung zwischen reproduktivem und wissenschaftlich-therapeutischem Handeln sogar der verbrauchende Umgang mit künstlich gezeugten Embryonen – unter Umständen gerade durch den in der Natur nicht vorkommenden Zellkerntransfer (,therapeutisches Klonen') – erlaubt."[11] Es kommt also auf die Unterscheidung der jeweiligen Handlungszusammenhänge – Sexualität, Fortpflanzung, Therapie – genau an.

Nikolaus Knoepffler (Professor für Angewandte Ethik in Jena): „Wenn man dem frühen Embryo keine Menschenwürde zuerkennt, beispielsweise, weil er ein menschliches Lebewesen ist, das noch nicht im strengen philosophischen Sinn individuiert ist (zur Formgebung fehlen noch Steuerungssignale der mütterlichen Schleimhaut, Zwillingsbildung ist noch möglich), dann muß zwischen der nun nicht mehr absolut geltenden Schutzmöglichkeit des Embryos und den Zielen des Forschungsvorhabens eine gute Abwägung vorgenommen werden. Die Forschung könnte dann zulässig sein, wenn die therapeutische Zielsetzung hochrangig ist, keine ähnlich erfolgversprechenden Alternativen bestehen und nach einer Technikfolgenabschätzung die gesellschaftlichen Auswirkungen als wünschenswert zu beurteilen sind."[12]

Wenn man überzählige Embryonen zur Gewinnung von Stammzellen verbraucht, die Herstellung von Embryonen zu Forschungszwecken aber ablehnt, dann drückt sich in dieser Entscheidung indirekt jedenfalls aus, „daß auch der frühe Embryo kein beliebiger ‚Forschungsgegenstand' ist". Man kann also dem frühen Embryo die Menschenwürde absprechen und trotz-

---

11 Siep, S. 119.
12 Nikolaus Knoepffler, „Forschung mit embryonalen Stammzellen".

dem die Schutzwürdigkeit des menschlichen Embryos zu sichern versuchen. Freilich würde das bedeuten, daß eine Dokumentationspflicht für überzählige Embryonen einschließlich des Entstehungsgrunds eingeführt wird!

Ich gehe bei dieser Darlegung übrigens davon aus, daß die „Heiligkeit des Lebens" keineswegs ein spezifisch christlicher Wertbezug ist, sondern ein Ideologem, das sich im Grunde erst im 19. Jahrhundert mit dem fortschreitenden *Verlust* des Transzendenz-Bewußtseins herausgebildet hat! Wenn das Göttliche immanentisiert wird, kommt es zu dieser Aufladung des Lebens selbst. An tausenden von Beispielen ließe sich zeigen, daß in der christlichen Tradition der letzten 2000 Jahre die Wahrheit immer höherwertiger als das Leben selbst war. (Sonst hätte man ja Menschen nicht getötet, nur weil sie irgendeine dogmatische Formel nicht mehr nachzuvollziehen vermochten. Von der Brutalität der Religionskriege will ich gar nicht erst reden.)

Medizinisch assistierte Zeugung, Verhütungspraxis, Schwangerschaftsabbruch, Notwehr, indirekte Sterbehilfe: in all diesen Problemfeldern zeigt sich, daß unsere Rechtsordnung längst Einschränkungen eines unbedingten Lebensschutzes zugelassen hat und daß dies für relevante Gruppen unserer Bevölkerung auch nicht mit moralischen Standards kollidiert.[13]

4.

Nach all diesen Erwägungen wird es für Sie verständlich, daß dem, der hier redet, *graduelle Konzeptionen des Status des vorgeburtlichen Lebens* plausibler erscheinen als absolute Fixierungen. Ich neige dazu, dem Argument meines Kollegen Ludwig Siep zu folgen, der dafür plädiert, „die Stadien des menschlichen Lebens zwischen Befruchtung und Geburt zu bestimmen und ihnen auf überzeugende Weise Schutznormen zuzuordnen."[14]

Die befruchtete Eizelle: *das ist* menschliches Leben. Die lebendige Rechtsperson *ist* in einer *kontinuierlichen* Entwicklung aus dieser Eizelle hervor-

---

13 In einem Urteil zum Schwangerschaftsabbruch von 1975 legte sich das Bundesverfassungsgericht dahingehend fest, Leben im Sinne der geschichtlichen Existenz eines menschlichen Individuums bestehe nach gesicherter biologisch-physiologischer Erkenntnis „jedenfalls vom 14. Tag nach der Empfängnis an" (BverfGE 39,51).
14 Siep, S.119.

gegangen. Meines Erachtens ist es dennoch nicht *zwingend*, aus diesen beiden Sätzen zu folgern, daß dem menschlichen Leben, das noch nicht Rechtsperson im vollen Sinne ist, aufgrund jener Kontinuität auch der Rechtsschutz im vollen Sinne zu gewähren ist.

Zu dieser Sicht zitiere ich eine *Gegenstimme* (von Klaus Düsing, Köln):

> Auch wenn aus einem Embryo nur mit einer gewissen *Wahrscheinlichkeit* ein Mensch wird, meint Düsing, „daß der Zweck der Glücksmehrung und Leidminderung nicht auf Kosten anderer Menschen, damit auch nicht von Embryonen als hochwahrscheinlichem menschlichen Leben gehen kann".[15] Für diesen Philosophen ist nicht nur die Herstellung von embryonalen Stammzellen aus Embryonen zu untersagen, sondern auch das therapeutische Klonen, das heißt die Einsetzung von Zellkernen in entkerne Eizellen zur Gewinnung von körpereigenen Stammzellen – und zwar dies deshalb, „weil hierbei multipotente Zellen, die man als Embryonen bewertet, entstehen und wieder vernichtet werden." In dieser engeren Perspektive ist dann nur die Forschung an embryonalen Keimzellen, die aus früh abgestorbenen Föten stammen, erlaubt (freilich auch nur, wenn diese nicht eigens zu diesem Zweck abgetrieben werden). „Möglich ist auch die Forschung an ES-Zellen aus der künstlichen Befruchtung gewonnener überzähliger Embryonen, die zur Vernichtung bestimmt sind." Eine ganz saubere Weste behält der Forscher dabei allerdings nach Auffassung dieses Philosophen auch nicht ...

Der nationale Ethikrat hat mehrheitlich die Position vertreten, daß sich aus Grundgesetz und Rechtssprechung keine „allgemein einsichtigen" Gründe für einen *absoluten* Lebensschutz des Embryos im Frühstadium ergeben. In einer säkularisierten pluralistischen Gesellschaft, in der zum Beispiel religiöse „Menschenbilder" untereinander und mit atheistischen konkurrieren, liegt es nahe, *vorpersonales* menschliches Leben in der Perspektive eines *abgestuften* Lebensschutzes zu betrachten und zu behandeln. Danach käme dann diesem vorpersonalen Leben die „Unantastbarkeit" der Menschenwürde nach GG Art. 1 nicht von Anbeginn an zu.

Man sollte gewiß nicht übersehen: Auch wenn wir von *vorpersonalem* Leben sprechen, könnte die Instrumentalisierung dieses menschlichen Lebens uns auf eine abschüssige Ebene geraten lassen – so warnt z.B. immer wieder J. Habermas. Daß der Bundestag unter strengen Beschränkungen den

---

15 Klaus Düsing, Die Bedeutung der Wahrscheinlichkeit, in: Kölner Stadt-Anzeiger Nr. 277 (29.11.2001), S. 31f.

Import *vorhandener* Zellinien erlaubt hat, die *Produktion* von Embryonen für die Forschung aber ausgeschlossen bleiben soll, ist kaum stringent begründbar und macht nur Sinn, „wenn man die Praxis doch nicht für ganz koscher hält" (Habermas).

Einige Philosophen, die vor der Instrumentalisierung des Embryos warnen, haben dabei nicht den einzelnen objektiven Vorgang im Blick – so als würde hier ein Lebensrecht verletzt –, sondern sie sehen die Gefahr der *Folgeproblematik*: daß nämlich die Gesellschaft über PID (Präimplantationsdiagnostik) und ähnliches auf die schiefe Ebene einer liberalen Eugenik geraten könnte.

In weit ausgreifender Perspektive hat vor allem Jürgen Habermas auf die fatalen Konsequenzen aufmerksam gemacht, die sich für eine liberale Rechtsgemeinschaft ergeben könnten, wenn Personen sich als genetisch programmiert begreifen müssen. „Angesichts einer kumulativen Verdichtung vergangener eugenischer Entscheidungen würden sich die Nachgeborenen gegenüber früheren Generationen nicht mehr als ebenbürtig betrachten können." Gewiß könnte man einwenden, das seien höchst unwahrscheinliche Zukunftsvisionen. Doch die Dynamik der Entwicklung ist rasant. Und „Je kürzer der zeitliche Horizont, den wir in Betracht ziehen, umso größer wird später die Macht der dann bereits geschaffenen Fakten sein."

5.

In meinem Beitrag lag mir daran, gegen den Wunsch der Ideologen den Blick immer wieder auf die Vernetzung der Thematik zu lenken: das gelebte Ethos als einziger großer Zusammenhang, in dem sich die Zivilität eines Volkes an der Frage entscheidet, wie es sich zur Würde des menschlichen Lebens verhält bzw. was es darunter überhaupt zu verstehen gewillt ist. Und da sind für die Klärung der Frage „Forschung an embryonalen Stammzellen" und „Präimplantationsdiagnostik" die grundsätzlichen Einstellungen in der Bevölkerung in ganz anderen Bereichen sehr wohl symptomatisch – als Anzeiger der Ethos-Kräfteverhältnisse in dieser Republik, gegen die ein Gesetzgeber nur aufhaltende, retardierende Regelungen durchsetzen kann, die aber kaum normativ prägende Kraft entfalten werden, wenn in anderen relevanten Bereichen des Ethos ‚durch die Bank' laxere Einstellungen vorherrschen.

Das gilt auch, wenn die neuen Technologien mit den alten Techniken des entwürdigenden Umgangs mit Menschen nicht vergleichbar sind. Denn natürlich soll hier nicht in Abrede gestellt werden, dass PID ganz neue Manipulationsmöglichkeiten eröffnet, die in der Reproduktion der menschlichen Gattung unerhört sind. Aber ‚ganz neu' heißt hier nur: neu auf einem Wege, auf dem wir uns schon lange befinden.

Wer es für selbstverständlich hält, die eingespielte Regelung zu akzeptieren, dass jährlich Zehntausende von Embryonen in weit fortgeschrittenem Entwicklungszustand aus Gründen, die eher mit sozialen als mit eng gefaßten medizinischen Notlagen der Mutter zu tun haben, vernichtet und anschließend entsorgt werden; wer nichts dabei findet, dass entwickelte, leider zu früh geborene und deshalb nicht lebensfähige Menschen (vielfach zum Leidwesen ihrer Eltern) als Medizinmüll, zusammen mit amputierten Organen, Tupfern u.ä. beseitigt werden (wenn sie ein willkürlich festgesetztes Gewicht nicht erreichen); wer den selbstverständlichen Gebrauch von Nidationshemmern, Spirale usw. registriert, der muß sich schon fragen, wie man eigentlich der Bevölkerung klarmachen will, dass trotz ungeheurer heilsamer Therapieperspektiven, trotz der Möglichkeit, Kinder mit Schwerstbehinderungen gar nicht erst zur Welt kommen zu lassen, Forschung an embryonalen Stammzeilen und PID verboten bleiben soll, als käme Menschen auf der Stufe dieser Entwicklung ein größeres Recht auf Schutz zu als den entwickelten Menschenkindern im Mutterleib.

Ich plädiere, wie es gute Philosophenaufgabe ist, für ‚Gesamtschau', für ein Ethos, das *in sich stimmig* ist in seinen Wertorientierungen. Wer also im öffentlichen Diskurs gegen die Forschung mit ES und gegen PID mit Entschiedenheit auftritt, der sollte ebenso entschieden den Gesetzgeber auffordern, den Verbrauch von importierten embryonalen Stammzellen für Forschungszwecke strikt und mit gewichtiger Strafandrohung zu unterbinden. Jede Art, sich eine ethische Doppelstrategie zu leisten, ist verwerfliches Parasitentum. Und das gilt erst recht für die weitere Konsequenz: Sollten im Ausland in der Forschung an Embryonen Medikamente von revolutionärer Heilkraft gewonnen werden, müsste deren Verschreibung in Deutschland aus ethischen Gründen untersagt werden. Auch ein Krankentourismus ins Ausland wäre unter die Androhung empfindlicher Strafen zu stellen. Alles andere wäre ethisch dubios – eben: parasitär und damit verachtenswert. Dabei spielt es keine Rolle, daß grundsätzlich ein Unterschied besteht zwischen der moralisch verwerflichen Hervorbringung eines ‚Gutes' einerseits und der legalen Nutzung dieses Gutes andererseits. Falls diese Phantasie eines *parasitären Ethos* nicht ganz abwegig sein sollte, fände ich mich lieber auf der Seite der böse Handelnden (sofern diese in ihren Motivationen nicht primär vom Profitinteresse getrieben sind). – Plausibilitätshinweis: Jede(r) Anständige empfindet – ohne daß er/sie ethisch ‚aufgerüstet' werden müßte – ein Unbehagen, wenn man – beispielsweise – einen wunderschönen Teppich billig erwirbt, der von Kindersklaven in Fernost hergestellt wurde.

Mit dem Einwand ist zu rechnen, eine solche Konsequenzlogik sei doch *zu* radikal, sei weltfremd und rechtlich in Europa außerdem überhaupt nicht durchsetzbar! Dem kann ich schwerlich widersprechen. Aber das ist nun einmal der Preis der ethischen Kohärenz. Entweder man hält hohe Standards aufrecht – dann aber in *allen* relevanten Feldern und nicht nach jeweiliger Kampflage, oder man entschließt sich (wie seinerzeit in der Abtreibungsfrage), ‚nachzulassen' und sich mit einer bescheideneren Ethosreichweite und -tiefe abzufinden. Eine solche Einstellung behindert nicht die ‚Arbeit am Ethos', die stetige Bemühung, im öffentlichen Diskurs Chancen und Gefährdungen von Innovationen abzuwägen und sich um ein hohes Ethos-Niveau zu bemühen und dafür um Zustimmung zu ringen, verhindert aber jene Verabsolutierungsgesten, die auf seiten von ‚Fortschrittlern' und ‚Aufhaltern' Druck erzeugen sollen.[16]

Wir alle, denke ich, sind bemüht, unsere Auffassungen möglichst allgemein-gültig, also voraussetzungsarm, zu formulieren. Dennoch tritt niemand als ‚geborener' Universalist auf; vielmehr folgen wir bei der Suche nach den guten Gründen immer auch Intuitionen, die selbst unbegründet sind und in denen religiöse oder quasi-religiöse Sinnvorgaben zum Ausdruck kommen. Es ist wichtig, sich dieser internen Differenz bewußt zu sein. Das hilft auch, sich zu wappnen gegen die Suggestion, die von naturwissenschaftlich objektivierenden Beschreibungen des Menschen ausgeht. Lösungsvorschläge müssen erörtert werden mit Blick auf die Fragen der Subjektivität, des Selbstverhältnisses und -verständnisses also, mithin der *Zuschreibungen*, wer unter welchen Weiterungen und Einschränkungen ein

---

16 Kleine Anmerkung im Anschluß an die Lektüre der Thüringer Lokalzeitungen: Der CDU-Justizminister des Landes Thüringen widerspricht entschieden der CDU-Wissenschaftsministerin, die für die Freigabe des Imports von embryonalen Stammzellen eingetreten war – natürlich im Zeichen einer „Ethik des Heilens" – und macht die „Ethik des Lebensschutzes" geltend. Das steht auf der Titelseite; auf der nächsten Seite findet sich, relativ klein gedruckt, die Mitteilung, der französische Gesetzgeber habe die Forschung an embryonalen Stammzellen freigegeben.

Selbst ist und in welchen Handlungs- bzw. Umgangsformen sich die beanspruchte Würde manifestiert. Wo auch immer die Biologie *Zäsuren* in der Entwicklung eines Lebewesens meint dingfest machen zu können –: *von sich aus* ergeben sich daraus keine normativen Rückschlüsse, daß da oder dort nunmehr menschliches Leben im Vollsinne beginnt. Schließlich wissen wir, daß die ganze Potenz des entfalteten Lebewesens in der befruchteten Eizelle schon „da" ist. Also muß sich der ethisches Diskurs in seiner eigenen Logik um jene Zuschreibung kümmern – wobei die biologischen Zäsur-Angaben selbstverständlich *plausibilitätsverstärkend* wirken.

Das Ethos der Menschenwürde wäre demnach zurückführen auf Zuschreibungen in Anerkennungsprozessen. Selbst wenn wir definieren, die Menschenwürde sei nicht das „Produkt" der Anerkennungsprozesse, so ist ja auch diese Sprachregelung und Festlegung ein Resultat von Reflexions- und Konsensprozessen. Wenn wir Beispiele aus der Geistesgeschichte heranziehen, so zeugen diese ja davon, daß die menschliche Gemeinschaft in einem geistigen Ringen nach ihrem besten Wissen und Gewissen festlegt, was in ihrem kulturellen, religiösen, ethischen Rahmen „Würde der Person" heißen soll. Die Griechen, die ein Kind aussetzten, haben ja wohl nicht in Zweifel gezogen, daß dies ein menschliches Wesen sei. Aber im Rahmen ihrer kulturellen, religiösen und politischen Prägung mußte eben noch anderes „hinzutreten", um den Schutz des Menschen im vollen Sinne zu gewährleisten.

Das neue biologische Wissen eröffnet Handlungsperspektiven, die nicht zu verdrängen sein werden. Dem ethischen Diskurs kann es deshalb nur darum gehen, sie im Zeichen der Bewahrung von Autonomie – gegen eine Totalvernutzung des menschlichen Lebens im Zeichen höherer Ziele und Zwecke und Werte – zu normieren.

In der Ethik geht es um Konsense hinsichtlich gemeinsamer Werte. Diese Konsense haben ein gewisses Maß an „Kulturrelativität". Erst recht wenn es sich um politische Ethik, um das Selbstverständnis eines Gemeinwesens handelt. Von fundamentaler Bedeutung für dieses allgemeine Ethos ist es allerdings, daß es nicht zu einem zwar allgemeinen, aber niveaulos-indifferenten Konsens kommt, sondern daß Einzelne oder einzelne Gruppen ihr spezifisch nonkonformes, strengeres Ethos überzeugend leben und dadurch die Mehrheit irritieren, sie aufstören und ihr einen Spiegel vorhalten, damit wenigstens bemerkbar wird, daß die Menschheit sich vielleicht doch auf einer schiefen Ebene der Primitivisierung bewegt.[17] Der Kampf gegen Gleichgültigkeit und Permissivität ist von jedem einzelnen an vielen Stellen der Gesellschaft zu führen (man denke nur an die Erziehung in Elternhaus und Schule); in der Diskussion um Stammzellforschung und PID wird wohl zuweilen verkannt, dass das Ringen um ethische Standards in den Verhältnissen des gewöhnlichen Alltags entschieden wird.

Der Gründlichkeit und Sachlichkeit der Debatte über PID und Embryonenschutz käme es zugute, wenn man – wie ich es hier immer wieder empfohlen habe – den Blick weitete und sich entschlösse, die auf Teilaspekte zentrierte Diskussion über die Verwertung befruchteter Eizellen wieder zurückzuführen in einen umfassenderen Diskurs: Philosophisch geredet geht es letztlich darum, ob wir mit allen bio-technologischen Mitteln die (wie ich meine:) infantile Revolte des okzidentalen Menschen gegen die Endlichkeitsverfassung seines Lebens unterstützen, oder ob wir es, mit Blick auf die einzelnen Streitfelder, schaffen, eine souveräne, also: mündige Annahme unserer Sterblichkeit zu kultivieren und zur Geltung zu bringen. Führt man sich diese ‚Ausgangslage' vor Augen, so ist damit die Auseinandersetzung mit ökonomischen Verwertungsinteressen und wissenschaftlich-technologischen Fortschrittsphantasien in den Biowissenschaften und der Medizin keineswegs vertagt.

---

17 Vgl. Henning Ritter, Die Zerreißprobe. Was man der Menschenwürde nicht zumuten darf, in: FAZ vom 30.06.01.

Herausgeber- und Autorenverzeichnis

Kodalle, Prof. Dr. phil. Klaus-Michael, Friedrich-Schiller-Universität, Institut für Philosophie, 07740 Jena

Lütjen-Drecoll, Prof. Dr. med. Elke, Anatomisches Institut II der Universität Erlangen-Nürnberg, Universitätsstraße 19, 91054 Erlangen

Rapp, Prof. Dr. med. Ulf R., Universität Würzburg, Institut für Medizinische Strahlenkunde und Zellforschung, Versbacher Straße 5, 97078 Würzburg

Stolleis, Prof. Dr. jur. Michael, FB Rechtswissenschaft der Johann Wolfgang Goethe-Universität, Senckenberganlage 31, 60054 Frankfurt

Zintzen, Prof. Dr. phil. Clemens, Akademie der Wissenschaften und der Literatur, Geschwister-Scholl-Straße 2, 55131 Mainz